Fritz Kühne und Karl Tetzner

Kleines Stereo-Praktikum

Mit 103 Bildern und 7 Tabellen

4., vollständig überarbeitete Auflage

FRANZIS-VERLAG MÜNCHEN

Nr. 97/98a der RADIO-PRAKTIKER-BÜCHEREI

Cellu-Band

1971

Franzis-Verlag G. Emil Mayer KG

Satz: vpa, München · Druck: Offsetdruckerei Hablitzel & Sohn oHG, Dachau
Printed in Germany, Imprimé en Allemagne.

ISBN 3-7723-0974-7

Vorwort

Die stereofonische Wiedergabe zweikanalig aufgezeichneter oder elektrisch übertragener Musik ist keine Erkenntnis der letzten Jahre. Experimente dieser Art begannen vielmehr bald nach der Erfindung des Telefons; der erste uns bekanntgewordene Versuch fand im Jahre 1881 statt, als der französische Ingenieur *Ader* aus der Großen Oper in Paris mit Hilfe einer Reihe „rechts" und „links" angeordneter Mikrofone Darbietungen auf Doppelhörer übertrug, die in fast einem Kilometer Entfernung zum Abhören der Oper dienten.

Je mehr sich der „Musikverbrauch" aus dem exklusiven Konzertsaal in das Heim verlagerte — begonnen mit der Erfindung der Sprechmaschine und fortgesetzt mit der Einführung des Unterhaltungsrundfunks —, desto häufiger wurde versucht, die als unbefriedigend empfundene Einkanalübertragung zwischen Aufnahmeraum und Wohnzimmer des Zuhörers durch eine zweikanalige Verbindung zu verbessern. Denn daß der Mensch *zwei* in einem räumlichen Abstand voneinander stehende Ohren hat und demzufolge Schallquellen nach Richtung und Abstand fixieren kann, blieb ja nicht verborgen.

Aber erst seit Mitte des Jahres 1958 erfreut sich die Stereofonie einer bis dahin ungeahnten Aktualität, und zwar nachdem Technik und Wirtschaft die Voraussetzungen dafür schufen. Das gilt vorzugsweise für den Tonträger; die Schallplatte war nach der Einführung der Mikrorille auf Kunststoffmaterial reif zum Fortführen der Vorarbeiten der Pioniere, und das Tonband hatte ebenfalls jenen Zustand erreicht, der es sowohl technisch als auch kommerziell für die Stereofonie brauchbar erscheinen ließ.

Es ist verständlich, wenn sich der Praktiker erst an diesem Zeitpunkt der Stereofonie zuwenden konnte — ohne Tonträger ist er auf wenige Basisexperimente von beschränktem Reiz angewiesen.

Neben der Zweikanal-Stereofonie bezogen die Wissenschaftler und Techniker auch Pseudo-Stereofonie-Verfahren in ihre Untersuchungen ein, etwa in Form von Stereoprogrammen über Rundfunksender ohne „echte" Zweikanal-Übertragung und von Raumklangwiedergabe einkanalig aufgenommener Tonträger mit gewissen stereofonen Effekten. Daß man sich überhaupt mit solchen Verfahren befaßt, hat, wie der einsichtsvolle Praktiker weiß, vorzugsweise kommerzielle Gründe. Sie sind wegen des für die Zweikanal-Stereofonie notwendigen Aufwandes verständlich.

Fritz Kühne
Karl Tetzner

Vorwort zur 4. Auflage

Wenn diese Neuauflage erscheint, spricht kein Mensch mehr von hohem Aufwand einer Stereo-Anlage. Stereo-Geräte — auch solche für gehobene Ansprüche — sind erschwinglich geworden, und auch der Protest der ordnungsliebenden Hausfrau gegen die „vielen Kästen" ist nahezu verstummt. Moderne Verstärker, Tuner und Empfänger sind zu flachen Gebilden zusammengeschrumpft, die fast in der Regalwand verschwinden, und man bekommt auch Lautsprecherboxen vergleichsweise winziger Abmessungen, die trotzdem vorzüglich klingen. Wir sind heute schon so weit, daß eifrige Musik-Fans mit dem Gedanken Quadrofonie-Anlage spielen, daß sie also gern zwei Stereoverstärker und vier Lautsprecherboxen installieren würden. Inzwischen gibt es auch bespielte Stereo-Kasetten-Tonbänder, die trotz geringer Bandgeschwindigkeit und winziger Spurbreite gut klingen. Die Stereofonie wurde Allgemeingut, viele UKW-Sender strahlen Stereoprogramme aus. Monoschallplatten gibt es praktisch nicht mehr, und das Stereo-Kasettenprogramm wird täglich reichhaltiger.

Praktiker, die noch abseits stehen, sollten sich bald für diese moderne Wiedergabetechnik interessieren. Wir hoffen, ihnen einige hilfreiche Hinweise für den Selbstbau einfacher und billiger Verstärker geben zu können. Der Appetit kommt bestimmt beim Essen!

Fritz Kühne
Karl Tetzner

Inhalt

1 Vom einohrigen und zweiohrigen Hören

Der Praktiker weiß, daß der Mensch auch beim Hören mit einem Ohr gewisse Richtungs- und Abstandsempfindungen haben kann. So läßt sich etwa die *Richtung* eines Schallereignisses allein durch die Trichterwirkung von Ohrmuschel und Gehörgang eines Ohres grob bestimmen; diese Fähigkeit nimmt mit steigender Frequenz oberhalb von 2000 Hz zu, so daß man durch Drehen des Kopfes die Schallquelle ungefähr anpeilen kann. Auch für deren Abstand gilt, daß man diesen dank gewisser im Laufe des Lebens angeeigneter Erfahrungswerte mit nur einem Ohr abschätzen kann. In geschlossenen Räumen treten Hallerscheinungen hinzu, die wiederum auf Grund der erworbenen Erfahrungen ein Maß für die Tiefe und Weite des Zimmers oder Saales abgeben.

Ähnliches gilt für das elektrische Ohr (Mikrofon) und die zugehörige einkanalige Übertragung der Ausgangsspannung des Mikrofons auf eine elektroakustische Wiedergabeeinrichtung. Richtmikrofone und solche mit aufgesetzten Richtscheiben bilden beim Mikrofon die Richtfähigkeit des menschlichen Ohres nach, und schließlich bieten künstlicher Hall auf der Aufnahmeseite und elektrische bzw. akustische Verzögerungsverfahren, breitflächige Tonabstrahlung und ähnliche Hilfsmittel auf der Wiedergabeseite gewisse Möglichkeiten, der dreidimensionalen Übertragung näherzukommen.

Bei einkanaliger Übertragung ist jedoch die exakte *Bewegung* einer Schallquelle ebensowenig zu ermitteln wie deren Breite; das große Orchester tritt akustisch auf der Wiedergabeseite ebenso ,,breit'' in Erscheinung wie der Sprecher oder der Solist. Man spricht nicht ohne Grund von ,,Loch in der Mauer'' (des Konzertsaales . . .).

Die eben nur knapp angedeuteten Möglichkeiten des einohrigen, direkten Hörens sind bis auf seltene Ausnahmen (absolute

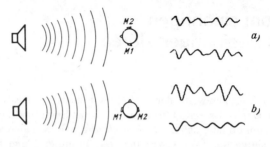

Bild 1. Oszillogramme von Schallkurven am künstlichen Kopf. a) Aufnahme von vorn, b) Aufnahme am um 90° gedrehten Kopf

Taubheit *eines* Ohres) nur Gedankenexperimente, denn die Natur stattete den Menschen mit zwei im Abstand von 15 bis 20 cm beiderseits des Kopfes angeordneten Ohren aus. Durch den hierdurch bedingten unterschiedlichen Abstand zu einer Schallquelle abseits der Kopfsymmetrieachse und durch die dann immer auftretende Abschattung eines Ohres durch den Kopf selbst ergeben sich bestimmte Unterschiede im Hörempfinden beider Ohren.

Hier sei das bekannte Experiment gemäß **Bild 1** erwähnt. Von einer Schallquelle, hier durch einen Lautsprecher dargestellt, wird der Vokal O abgestrahlt; in einiger Entfernung wird dieser Vokal von einem Kunstkopf mit zwei Mikrofonen M 1 und M 2 als „Ohren" aufgenommen. Beide „Ohren" sind über entsprechende Verstärker mit einem Doppelstrahl-Oszillografen verbunden, auf dessen Schirm immer dann, wenn beide Mikrofone den gleichen Abstand zur Schallquelle haben (Bild 1 oben), zwei deckungsgleiche Kurven erscheinen. Sie beweisen, daß beide Mikrofone den gleichen Schalleindruck empfangen. Wird der Kunstkopf gemäß der unteren Darstellung in Bild 1 um 90° gedreht, so verändern sich die Kurven erheblich. Die dem Mikrofon M 1 zugeordnete Oszillografenkurve zeigt eine größere Lautstärke an, und sie stimmt in ihrer Phase nicht mehr mit der flacheren (=leiseren) Kurve überein, die das Mikrofon M 2 erzeugt.

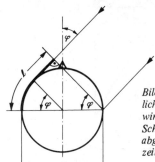

Bild 2. D ist der Durchmesser eines künstlichen Kopfes, φ ist der Schalleinfallwinkel gegen die Symmetrieachse. Die Schallwegdifferenz l zwischen zu- und abgewandtem Ohr entspricht dem Laufzeitunterschied c = l/c (c = Schallgeschwindigkeit)

Zu diesen beiden Unterschieden hinsichtlich der *Amplituden* und der *Phase* tritt ein deutlich erkennbarer *Klangfarben*-Unterschied. Diese drei Merkmale assoziieren sich im Gehirn des Menschen zur Empfindung „Klang kommt genau von links". Auf diese Weise lassen sich Schallquellen bezüglich Entfernung und Abstand weitgehend bestimmen, wobei der Mensch sowohl durch seine akustischen Erfahrungen als auch häufig durch das Auge (optische Peilung) unterstützt wird.

Dieses Richtungs- und Entfernungshören ist schon frühzeitig exakt untersucht worden. **Bild 2** zeigt die geometrischen Verhältnisse beim Schalleinfall aus 45°, wobei 0° die Kopfsymmetrieachse ist, schlicht gesagt die Richtung der Nase. Die Schallwegdifferenz l ergibt den Laufzeitunterschied c des Schallereignisses, bezogen auf das Eintreffen bei den Ohren. Es ist $c = l/c$ (c = Schallgeschwindigkeit). Setzt man D in Bild 2 gleich 16,5 cm, so würde sich bei einer Schallrichtung von 90° entsprechend Bild 1 eine Wegdifferenz von 21 cm oder 0,63 Millisekunden ergeben.

Aus **Bild 3** kann man die Laufzeitunterschiede als Funktion des Winkels ablesen. Diese Kurve ist berechnet; ihre experimentelle Überprüfung mit Knackgeräuschen ergab eine hinreichende Übereinstimmung zwischen Messung und Rechnung.

Bei reinen Sinustönen ist das Ohr ebenfalls in der Lage, Laufzeitunterschiede in Seitenwinkel umzuformen, eindeutig al-

11

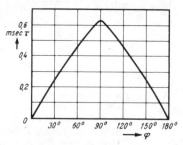

*Bild 3. Laufzeitunterschied c als Funktion des Winkels φ (Durchschnitts-
wert aus Berechnung und objektiven Messungen)*

lerdings nur bis herab zu 800 Hz. Darunter wird die Fähigkeit
geringer, und sie verliert sich unterhalb von 300 Hz vollständig.
Das ist verständlich, denn der Ohrenabstand ist in diesem Falle
zu klein gegenüber der Wellenlänge (300 Hz = λ1,1m). Im
Bereich zwischen 300 und 800 Hz — beide Frequenzen stellen
nur ungefähre Grenzen dar — reagiert das Ohr vorzugsweise auf
Phasendifferenzen, Während darüber die Ortung nach der Laufzeit (Phase) schwieriger wird, denn beispielsweise bei 800 Hz und
einem Einfallswinkel von 90° ist der Schallumweg um den Kopf
(*l* in Bild 2) 21 cm oder gleich der halben Wellenlänge — das ist
der Abstand zweier aufeinanderfolgender Nulldurchgänge. Auch
spielen bei der Ortung höherer Töne die Erholungszeiten der
Gehörnerven ($^1/_{800}$...$^1/_{1200}$ s) bereits eine Rolle, so daß man
experimentell die Laufzeitortung periodischer Vorgänge nur
noch bis etwa 1200 Hz hat feststellen können.

Oberhalb dieser fließenden Grenze von 800 ... 1200 Hz ortet das Gehör die Schallquelle nach Amplituden- und auch nach
Frequenzgangunterschieden. Hier wird die Abschattung durch
den Kopf wirksam; ihr Einfluß nimmt mit steigender Frequenz
immer mehr zu, denn jetzt tritt die Wellenlänge des Schalles in
vergleichbare Größe zu den Dimensionen von Kopf und Ohr-
muscheln. **Bild 4** geht auf Messungen von *F.M. Wiener* (1947)
zurück. Es sind über Terzbreiten ermittelte Intensitätsunterschiede über der Frequenz gezeichnet. Man erkennt sehr gut, wie
mit größer werdendem Schalleinfallswinkel und steigender Fre-

12

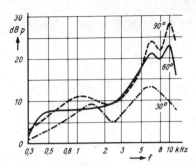

Bild 4. Aus objektiven Messungen bestimmte Intensitätsunterschiede zwischen beiden Ohren als Funktion der Frequenz für die Schalleinfallswinkel φ = 30, 60 und 90 Grad gegen die Kopfsymmetrieachse

quenz kräftige Lautstärkeunterschiede zwischen beiden Ohren auftreten. Bei diesen Untersuchungen stimmten übrigens Rechnung und Experiment relativ schlecht überein; hier darf der Unterscheid zwischen sinusförmigen Meßtönen und nichtperiodischen Schallereignissen nicht übersehen werden.

Berücksichtigt man ferner die Ohrempfindlichkeitskurve, d.h. die bei geringer Lautstärke maximale Empfindlichkeit um 1000 Hz (mit sinkender Empfindlichkeit nach oben und unten), so gewinnt man einen Begriff davon, wie umfassend und schwierig der Begriff „Zweiohriges Hören" ist, obwohl wir in diesen wenigen Zeilen nur einige für die Stereofonie wesentliche Erkenntnisse haben anklingen lassen.

2 Von der stereofonen Wiedergabe

Im Vorwort ist die Rede von der ersten stereofonen Übertragung einer Oper im Jahre 1881 durch *Clement Ader*. **Bild 5** zeigt das Originalschaltbild, wie es *O. Eichhorst* in der Zeitschrift „Frequenz", Heft 9/1959, veröffentlicht hat. Jedes Mikrofonpaar — jeweils ein Mikrofon rechts und links vom Souffleurkasten b — speist acht Doppelkopfhörer A bis H, deren Mu-

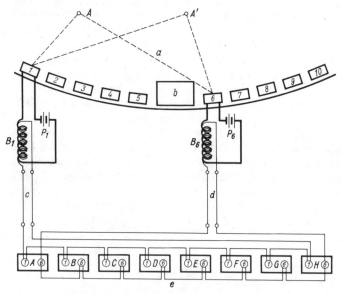

Bild 5. *Das Originalschaltbild der Mikrofon/Höreranordnung bei der Stereo-Übertragung aus der Großen Oper in Paris durch Cl. Ader im Jahre 1881. Jedes Mikrofonpaar mit Batterie P 1 bzw. P 6 speiste eine Hörergruppe , hier A bis H. — b: Souffleurkasten an der Bühnenrampe, 1 . . . 10: fünf Mikrofonpaare, B 1 bzw. B 6: Übertrager, c, d: je etwa 1 000 m Verbindungsleitungen zum Abhörraum, A, A': veränderliche Standorte eines Sängers*

scheln 1 bzw. 6 hintereinandergeschaltet waren. Die Wirkung soll gut gewesen sein. Ein Zeitgenosse von Ader, *E. Hospitalier,* berichtet:

„Sobald die Übertragung beginnt, placieren sich die Darsteller im Geist des Zuhörers auf eine feste Entfernung, die einen zur Rechten, die anderen zur Linken. Es ist leicht, ihren örtlichen Änderungen zu folgen, und jedesmal ist, wenn sie zur Seite wechseln, genau die imaginäre Entfernung anzugeben, in der sie sich untereinander zu befinden scheinen... Das ist offenbar eine sehr seltsame Erscheinung, sie ist nahe mit der Theorie des beiderseitigen Hörens verwandt und überdies noch niemals vor Ader, wie wir glauben, angewendet worden, um diese als eine der markantesten Illusionen zu erzeugen, der man in gewisser Weise den Namen Gehörperspektive (perspective auditive) geben kann ..."

Aders Erfindung geriet einige Zeit in Vergessenheit; die nächsten Berichte sprechen von stereofoner Übertragung aus dem Königlichen Opernhaus in Berlin im Jahre 1912 und aus der Münchner Oper im Jahre 1925. Irgendwelche Bedeutung haben diese Experimente aber nicht erlangt. Erst 1933 befaßten sich *Fletcher* und *Leopold Stockowski* (Bostoner Symphonie-Orchester) mit der „Verdoppelung" von Konzerten, d.h. mit der idealen Übertragung eines Konzertes von einem Saal in einen zweiten, entfernt liegenden. Intensiv arbeiten nach dem Zweiten Weltkrieg die Philips-Laboratorien in Eindhoven an diesem Problem.

Ausgehend von der unbefriedigenden Einkanalübertragung wurde die Front eines großen Orchesters in Saal 1 mit einer Anzahl von Mikrofonen besetzt, von denen ein jedes einen besonderen Lautsprecher in Saal 2 speiste **(Bild 6)**. Die ursprüngliche Auffassung war, daß im Saal 2 das gleiche Schallfeld entstehen sollte wie in Saal 1, und daß dazu eine möglichst große Zahl von Mikrofon/Verstärker/Lautsprecherketten genutzt werden müßte. Fünf solcher Übertragungsglieder seien besser als vier und sechs besser als fünf.

Es hat einiger Untersuchungen bedurft, um herauszufinden, daß man mit *zwei* Mikrofonen im Ohrabstand, *zwei* Verstärkern

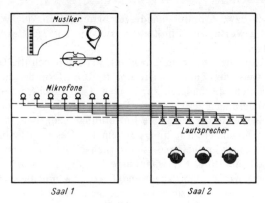

Bild 6. Stereofone Übertragung mit mehreren Mikrofonen und Lautsprechern von einem Saal in einen zweiten

und *zwei* Lautsprechern im Wiedergaberaum eine ebenso gute Qualität erreicht wie mit einer wesentlich aufwendigeren Anordnung gemäß Bild 6. *R. Vermeulen* (Philips), der an diesen Untersuchungen wesentlichen Anteil hatte, vertritt die Meinung, daß zwei Kanäle ein deutlicheres, vor allem „schärferes", Schallbild erzeugen als eine Vielzahl von Kanälen.

Auf den ersten Blick ist es unerklärlich, wieso zwei Lautsprecher in einem Raum mit Zweikanalwiedergabe den Eindruck eines breitflächigen Klangkörpers zu erzeugen vermögen. Verwendet man als Wiedergabegerät zwei Kopfhörermuscheln, die über Verstärker mit je einem Mikrofon im Aufnahmeraum verbunden werden, so läßt sich schon eher einsehen, daß man sehr genau der seitlichen Richtung natürlicher Schallquellen folgen kann, während allerdings die Ortung bezüglich oben/unten und vorn/hinten unmöglich ist. Tatsächlich ist die erreichbare Wiedergabequalität gut und der räumliche Eindruck befriedigt. Vor allem ist bei dieser „kopfbezüglichen" Stereofonie der Einfluß der Akustik des Wiedergaberaumes ausgeschaltet.

Aus diesem Grund und wegen noch anderer Einflüsse hat die Kopfhörer-Stereofonie gerade in der letzten Zeit viele Anhänger gewonnen. Die Industrie liefert Stereo-Hörer in der breiten

Preisskala von etwa 40 DM bis fast 700 DM; immer mehr Verstärker tragen Kopfhörerbuchsen. Wo diese nicht vorhanden sind, hilft man sich mit Zusatzkästchen, die an die Lautsprecherausgänge geschaltet werden und sowohl den Anschluß beider Boxen als auch den von drei Kopfhörern ermöglichen (Sennheiser). Vgl. hierzu Kapitel 6 (S. 77 ff.)

Ersetzt man nun beide Kopfhörermuscheln durch zwei nebeneinander in einem gewissen gegenseitigen Abstand aufgestellte Lautsprecher und läßt nur einen Lautsprecher arbeiten, so ist der Standort der scheinbaren Schallquelle durch diesen fixiert (Einkanalübertragung). Will man diesen Standort zwischen beide Lautsprecher verlegen, so sind beide Kanäle mit beiden Lautsprechern in Tätigkeit zu setzen und mit einem gleichartigen Signal zu speisen, das sich in beiden Kanälen nur durch die (bereits besprochenen) Intensitäts-, Laufzeit- und evtl. Tonhöhendifferenzen unterscheidet. Diese Unterschiede, und zwar soweit sie am Ort des Hörers wirksam werden, bestimmen den Richtungseindruck. Für die Fähigkeit unseres Gehirns, diese Unterschiede zu dem resultierenden Eindruck umzuformen, haben die Ela-Spezialisten (d.h. die Fachleute der elektroakustischen Technik) den Ausdruck *Summenlokalisation* erfunden.

Hier gibt es klare Gesetze, die zugleich die Gesetze des stereofonen Hörens allgemein sind.

Summenlokalisation durch Intensitätsunterschiede: Wird der Zuhörer auf der Mittelachse zweier mit stereofonem Signal gespeister Lautsprecher von beiden Schallquellen gleichzeitig erreicht, so ist die Intensität beider Schallereignisse für die Lokalisierung der Schallquelle maßgebend, dazu die Differenz der Laufzeit, mit der der Schall des rechten bzw. linken Lautsprechers das jeweils abgewandte Ohr des Zuhörers erreicht.

Summenlokalisation durch Laufzeitunterschiede: Die Lokalisierung der scheinbaren Schallquelle im Raum ist bei gleicher Intensität des Schalles auch durch einen Unterschied in der Laufzeit zwischen Lautsprecher und Ohr möglich.

Zu diesen Erscheinungen müssen, um das Phänomen des stereofonen Hörens mit zwei Lautsprechern zu erklären, noch die Einflüsse des Schallfeldes beider Lautsprecher hinzugezogen werden. Darüber soll im Kapitel 8e: Richtiges Aufstellen von Stereo-Anlagen, Seite 148, gesprochen werden.

3 Die vier Stereo-Aufnahmeverfahren

Wie im ersten Kapitel erwähnt wurde, sind für den Stereo-effekt vornehmlich Laufzeit- und Amplitudenunterschiede verantwortlich. Entsprechend können beide Effekte auch allein für Stereo-Aufnahmen ausgenutzt werden; sie liefern befriedigende Ergebnisse.

Am Anfang war der *künstliche Kopf*. Es lag nahe, einem solchen anstelle der Ohren zwei Mikrofone einzusetzen und damit Zweikanal-Stereofonie zu machen, die weitgehend den Hörverhältnissen der Menschen im Schallfeld entspricht. Diese einfache, zu Beginn der Stereoversuche viel benutzte Methode – sie ist auch heute bei gewissen Weiterentwicklungen der Kopf-hörer-Stereofonie wieder im Gespräch – hat jedoch Nachteile: Die Unterbringung von umfangreichen Spezialmikrofonen ist schwierig, und der Mikrofonabstand ist auf die Kopfbreite fixiert. Aus der kopfbezogenen Mikrofonanordnung ist die

a) A/B-Stereofonie

entstanden, charakterisiert durch zwei im Abstand voneinander aufgestellte Mikrofone **(Bild 7)**, meist mit Nierencharakteristik. Beide Mikrofone (M 1 und M 2) liefern sofort die beiden Endinformationen (links und rechts), die sich durch Laufzeit und Intensität voneinander unterscheiden. Bei dieser Art der Stereo-Aufnahme können noch weitere Mikrofone hinzugenommen

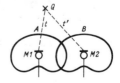

Bild 7. Anordnung der beiden Mikrofone M 1 und M 2 mit nierenförmiger Richtcharakteristik bei A/B-Stereofonie (Laufzeitstereofonie). Der Schall der Quelle Q benötigt zum Mikrofon A (linker Kanal) die Zeit t und zum Mikrofon B (rechter Kanal) die längere Zeit t'

werden, etwa für den Solisten, und mit Hilfe des Stereo-Mischpultes mit Richtungsregler lassen sich gewünschte Effekte besonders gut herausholen.

Die A/B-Stereofonie mit dem beliebig wählbaren Mikrofonabstand ist insbesondere für den Amateur von Bedeutung; auch
lassen sich durch geschickte, evtl. unsymmetrische, Placierung
der Mikrofone besondere Effekte bei der Aufnahme erreichen.
Mit der A/B-Stereofonie, die vornehmlich die Laufzeitunterschiede ausnutzt, entstanden viele gute Schallplattenaufnahmen.
Heute jedoch wird meist die

b) Intensitätsstereofonie

gewählt. Bei ihr werden beide Mikrofonkapseln im möglichst
gleichen Raumpunkt angeordnet — in der Praxis direkt überein-
ander —, so daß die Laufzeitdifferenz entfällt und der Stereo-
Eindruck lediglich durch Intensitätsunterschiede erzeugt wird.
Die Ortungsfähigkeit leidet darunter nicht, denn der Mensch
orientiert sich ohnehin bei Frequenzen oberhalb von 800 bis
1000 Hz nach Intensitätsunterschieden. Natürliche Klangereig-
nisse, wozu auch die Musik gehört, haben Einschwingvorgänge
mit einem genügend großen Anteil von Frequenzen oberhalb der
genannten Grenze.

Das für die Intensitäts-Stereofonie gebräuchliche Doppelmi-
krofon ist entweder mitte/seiten-orientiert (MS: **Bild 8**) oder
links/rechts-orientiert (XY: **Bild 9**).

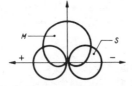

*Bild 8. Anordnung der beiden Mikro-
fone bei M/S-Intensitätsstereofonie
(M-Mikrofon mit nierenförmiger und
S-Mikrofon mit achterförmiger Richtcharakteristik)*

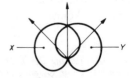

*Bild 9. Zwei Mikrofone mit
nierenförmiger Charakteristik bei
X/Y-Intensitätsstereofonie*

20

XY: Zwei Mikrofone mit gleicher nierenförmiger Charakteristik sind in einem zur Hauptachse beliebig einstellbaren Winkel angeordnet; beide können untereinander einen Winkel von 90° bis 110° oder mehr bilden. Beide Mikrofone müssen in ihren Daten so weit wie technisch möglich übereinstimmen, vor allem in der Richtcharakteristik; letztere soll frequenzunabhängig sein. Meist werden Tauchspulmikrofone benutzt, deren Empfindlichkeitsunterschiede bei 1000 Hz nicht größer als 0,5 dB sind.

Physikalisch betrachtet sind beide Methoden gleich. Es ergeben sich folgende einfache Beziehungen:

$$
\begin{aligned}
M + S &= X \\
M - S &= Y \\
\text{bzw.} \quad X + Y &= M \\
X - Y &= S
\end{aligned}
$$

X ist die Linksinformation und Y die Rechtsinformation, zusammen ergeben beide das vollständige Stereo-Signal. Oder: M ist die Mitteninformation und S die Richtungsinformation, beide zusammen sind wiederum das vollständige Stereo-Signal. Dagegen sind M und X + Y jeweils das kompatible monofone Signal. Die Intensitätsstereofonie erfüllt also die oben aufgestellte Forderung nach gleichzeitiger Lieferung des vollständigen Stereo- und des kompatiblen [1]) Mono-Signals.

c) Trickstereofonie

Informationstheoretisch läßt sich nachweisen, daß man eine befriedigende Stereo-Wiedergabe auch durch die monofone Übertragung des Klangbildes im breitbandigen Hauptkanal und durch Beigabe der Richtungsinformation über schmalbandige Hilfskanäle erreichen kann. Hierfür sind intelligente Systeme entwickelt worden, u.a. das *Percival- Verfahren* und das von *F.*

---

1) Kompatibilität = Das Stereosignal garantiert bei Einkanalwiedergabe eine einwandfreie Reproduktion des Schallereignisses und bringt nicht etwa nur *ein* Seitensignal (L- oder R-Information) zu Gehör.

Enkel angegebene Verfahren mit *unterschwelligen* Pilotfrequenzen. Beide haben keine praktische Bedeutung erlangt, desgleichen nicht der von *Prof. Scherchen* angegebene Stereophoner. Hier werden bei der monofonen Wiedergabe etwa der linken Lautsprechergruppe die tiefen Frequenzen, der rechten dagegen vornehmlich die mittleren und hohen Frequenzen zugeführt. Bei geschickter Bemessung der Überlappung lassen sich gewisse pseudostereofone Effekte erreichen.

d) Vierkanalstereofonie

Als die ersten Stereohörspiele gesendet wurden, bemerkte man einen eigentümlichen „Rampeneffekt": Es hatte den Anschein, als ob die Zuhörer daheim vor einer Bühne sitzen, d.h. das Geschehen, dank Stereofonie nunmehr fast dreidimensional zu orten, bewegt sich auf bzw. hinter der gedachten Verbindungslinie der beiden Lautsprecher. Der Hörer sitzt vor einer Rampe. Mit Hilfe von geschickt angebrachten rückwärtigen Lautsprechern, denen ein Teil der aufgenommenen Signale zugeführt wird, kann dieser Effekt teilweise behoben und ein echter Raumeindruck erzeugt werden. Prof. Keibs (Deutsche Post, Ost-Berlin) hat dafür das Kunstwort „Ambiofonie" geprägt; das Ambiente (das Umgebende) wird mit einbezogen.

Konsequenter in dieser Richtung gehen die Versuche amerikanischer und japanischer Techniker mit Hilfe einer echten Vierkanalstereofonie. Stereo-*Aufnahmen* mit mehr als zwei Kanälen sind längst bekannt; es gibt Musik-Effektaufnahmen mit bis zu 20 Mikrofonen, deren Ausgangssignale letztlich zu zwei Stereokanälen zusammengemischt werden müssen, weil die zwei wichtigsten Medien (UKW-Sender, Schallplatte) nur zwei Kanäle transportieren bzw. aufnehmen können und weil alle Stereo-Wiedergabegeräte nur mit zwei Nf-Verstärkern und zwei Lautsprechern (Lautsprechergruppen) versehen sind.

Die Vierkanal-Stereofonie (Quadrofonie) hingegen verlangt zumindest bei der drahtlosen Übertragung echte vier Kanäle; man kann sie – in primitiver Weise – durch zwei Stereo-Sender am gleichen Ort bereitstellen, oder mit speziellen Multiplexschaltun-

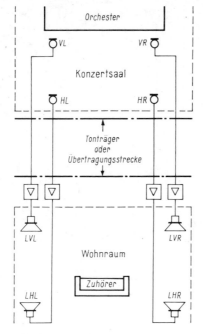

Bild 10. Prinzip der echten Quadrofonie

gen und Ausweitung des Modulationsspektrums über 53 kHz
hinaus läßt sich auch ein einziger UKW-Sender mit vier Kanälen
belegen. Das geht allerdings nicht ohne Frequenzeinengung von
Kanal drei und vier und Verringerung des Versorgungsradius ab.
Um die vier Kanäle in die einzige Rille der Schallplatte einzubet-
ten, bedarf es besonderer Multiplexschaltungen, sowohl bei der
Aufzeichnung als auch bei der Wiedergabe. Auf alle Fälle sind
beim Hörer vier Nf-Verstärker und vier Lautsprecher nötig. Zwei
werden wie üblich in einem gewissen Abstand voneinander aufgestellt. Zwei weitere, die die Kanäle drei und vier (je
30 ... 8000 kHz) übernehmen, sollen im Rücken des Hörers
montiert werden; sie geben den Raumschall wieder, der bei der

23

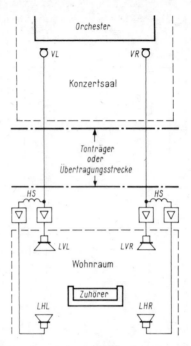

Bild 11. Prinzip der Quadrofonie mit Kunsthall

Aufnahme hinter den Hauptmikrofonen entsteht **(Bild 10)**. Auf diese Weise läßt sich der akustische Raumeindruck des Konzertsaales besser als bisher in das Wohnzimmer des Hörers transportieren. Bei Abschluß des Manuskriptes, im Herbst 1970, war noch offen, ob das Verfahren einige Bedeutung erlangen wird; der beträchtliche Geräteaufwand beim Hörer spricht allerdings dagegen. Es leuchtet ein, daß Vierkanal- Stereofonie sich am einfachsten mit Hilfe eines Vierspur-Tonbandes verwirklichen läßt. Tatsächlich sind in den USA solche Tonbänder auf den Markt gekommen.

Weil jede technische Lösung letztlich auf ein gewissenhaftes Abwägen zwischen erzielbarer Verbesserung und zusätzlichem

Aufwand hinausläuft, stellten sich pfiffige Techniker folgende Frage:„ Ist es wirklich nötig, echten Hall der hinten im Saal stehenden Mikrofone HL und HR (vgl. Bild 10) aufzuzeichnen und zu übertragen, oder kann man den Hall nach **Bild 11** auch erst auf der Wiedergabeseite erzeugen, etwa mit Hallspiralen HS? " Präziser ausgedrückt wäre also zu klären, ob der Qualitätssprung zwischen Zweikanal-Stereofonie und Kunsthall-Quadrofonie wesentlich geringer ist als der zur echten Quardofonie mit Naturhall. Ist der Unterschied unwesentlich, so kann alles beim Alten bleiben. Wer Lust dazu hat, beschafft sich einen zweiten Stereoverstärker mit Halleinrichtung und zwei Boxen, und er kann normale Stereosendungen, Schallplatten und Tonbänder „quasi-quadrofonisch" abhören.

Die Verfasser haben mit den bescheidenen Mitteln, die Privatleuten in ihren kleinen Labors zur Verfügung stehen, solche Versuche angestellt. Zum Verhallen dienten handelsübliche Spiralen. Bei der Wiedergabe größerer Klangkörper und von Orgelmusik war eine ganz beträchtliche Verbesserung des Raumeindruckes festzustellen,....freilich, es fehlte der Vergleich mit echter Quadrofonie.

Die Versuche zeigten aber auch, daß Spiralen als Hallerzeuger nicht der Weisheit letzter Schluß sind. Bei Hi-Fi-Wiedergabe stört die Klangverfälschung, und bei hohen Lautstärken neigen sie zum Selbstschwingen. Von einer Sendegesellschaft hörten wir von ausgezeichneten Ergebnissen, die mit den großen und teuren Studio-Hallplatten (EMT) erzielt wurden und die eigentlich die Brauchbarkeit des Prinzips bestätigen. Allem Anschein nach dürften sich für den Heimgebrauch am besten akustische Verzögerungsleitungen eignen, wie sie vor einer Reihe von Jahren Blaupunkt in einige Geräte einbaute. Sie arbeiten recht klanggetreu und bestehen aus einem aufgespulten Schlauch, an dessen Anfang ein winziger Druckkammer-Lautsprecher sitzt, der zeitverzögert das am Ende angebrachte Mikrofon bespricht. Der berechtigte Einwand, daß ein solches Monstrum zwar in einen Musikschrank paßt, aber niemals zwei Stück in einen vergleichsweise winzigen Stereoverstärker, ist berechtigt. Es ist jedoch denkbar, daß man den Schlauch mit einem Gas füllt, in dem die Schallgeschwindigkeit niedriger ist, wodurch die Schlauchlänge und das Volumen der Halleinrichtung abnehmen. Auch Verhallung auf Magnettonbasis (endloses Band = Echolette, oder die rotierende Magnetplatte von Philips) ist denkbar, aber wahrscheinlich zu teuer.

Diesen Überlegungen für eine „Patentlösung" stehen leider die Pläne sensationshungriger Band-Produzenten in den USA gegenüber. Sie wollen eine echte Rundum-Stereofonie. Ob es aber wirklich so erstrebenswert ist, daß man plötzlich per Trompete von hinten angeblasen werden kann? Schließlich sitzt man ja auch im Konzertsaal *vor* dem Orchester und nicht mittendrin!

4 Der stereofone Tonträger

a) Schallplatte

Wir erfuhren, daß zur konventionellen Stereofonie mindestens zwei Schallinformationen gehören. Beide sind getrennt aufzunehmen und getrennt wiederzugeben; der dazwischenliegende Prozeß der Speicherung und Verstärkung darf ein gewisses Maß gegenseitigen Übersprechens zwischen Kanal 1 und Kanal 2 nicht überschreiten. Wie auch sonst in der Elektroakustik bot sich die Schallplatte gleich zu Anfang der Stereo-Technik als idealer Tonträger an; ihre Vorzüge sind dem Praktiker hinreichend bekannt. Es galt also, eine Methode für die Fixierung beider Schallkomponenten auf der Platte zu finden.

Die − scheinbar − einfachste wäre durch eine Schallplatte mit getrennten Rillen für Kanal 1 und Kanal 2 gegeben. Zwei exakt parallel laufende Tonabnehmer tasten die Schallrillen getrennt ab und führen sie zwei Verstärkern mit nachgeschalteten Lautsprechergruppen zu. Tatsächlich sind diese Schallplatten frühzeitig entwickelt worden, um 1925 von Küchenmeister (Ultraphon)[1]) und später, um 1938/39, u.a. im Philips-Forschungslaboratorium Eindhoven. Es war relativ einfach, eine Schallplatte mit zwei Schallrillen-Zonen gemäß **Bild 12** zu schneiden, denn beide Schneidedosen bewegten sich auf einer zur Plattenmitte geradlinig in radialer Richtung laufenden Transportwelle mit großer Genauigkeit von außen nach innen. Wesentlich größere Schwierigkeiten traten beim Abspielen auf, denn jetzt befinden sich die Dosen am Ende zweier schwenkbaren Arme und beschreiben Kreisbögen. Die Bahn der Nadelspitzen ist bei der Wiedergabe also eine andere als bei der Aufzeichnung, so daß

---

1) Das von Küchenmeister öffentlich propagierte Verfahren war allerdings ein primitives Raumtonsystem, in dem zwei Schalldosen hintereinander mit etwa 20 cm Abstand die gleiche Rille abtasteten.

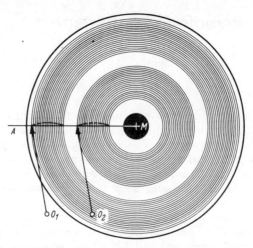

Bild 12. Schallplatte mit zwei Rillenzonen, jeweils eine für jeden Stereo-Kanal. Bei der Aufzeichnung wurden die Nadelspitzen beider Schneidedosen entlang der Geraden A—M geführt; bei der Wiedergabe beschrieben die Tonabnehmersysteme Kreisbögen um die Drehpunkte O_1 bzw. O_2

Zeitunterschiede auftreten. Wie aus Bild 12 hervorgeht, beginnen beide Abtastdosen genau auf der geraden Linie der bei der Aufzeichnung eingehaltenen Bewegung, und dort enden sie auch wieder; beide Schallkomponenten bleiben erst im zunehmenden und dann im abnehmenden Maße zurück. An sich würde das noch keine Verformung des Schallbildes bedeuten, wenn die Verschiebung beider Schallbeiträge zeitlich gleich wäre — das ist aber wegen der unterschiedlichen Abtastgeschwindigkeit nicht zu erreichen. Bei den praktischen Messungen ergaben sich Zeitunterschiede von $> 6 \cdot 10^{-4}$ s; sie reichten aus, um bei der Aufzeichnung eines Streichkonzertes das mittlere Instrument scheinbar um 50 cm vor- und zurückspringen zu lassen. Zeitunterschiede unterhalb von $3 \cdot 10^{-4}$ s waren zulässig. Eine weitere Quelle des Zeitunterschiedes ist — wie man leicht einsehen wird — ein Fehler beim Aufsetzen der beiden Nadeln. Eine Verschiebung um mehr als 0,2 mm durfte nicht eintreten. Schließlich war eine Exzentrität der Plattentellerwelle von nicht mehr als 0,06 mm zu fordern; in der Praxis mußten die Plattenlöcher mit einer Toleranz von höchstens 0,1 mm gefertigt werden, andernfalls pendelte das Schallbild, was sich in einer gewissen Unschärfe der Stereo-Wiedergabe bemerkbar machte.

Stereo-Langspielplatten nach diesem System kamen 1952 in den USA heraus (Cook), sie waren aus den genannten technisch-physikalischen und auch aus kommerziellen Gründen kein Erfolg und boten keinen idealen Tonträger für Stereofonie.

Die Probleme der gleichmäßigen Abtastung zweier Rillenzonen mit zwei Tonabnehmern erwiesen sich als unlösbar, zumindest nach Verlassen des Labors und beim Übergang zur preisgünstigen Massenfertigung. Es mußte also ein Verfahren gefunden werden, das beide Schallkomponenten in *einer* Rille unterbringt, so daß sie mit *einer Nadel gleichzeitig abgetastet* werden können. Gelingt dies, so ist der Gleichlauf gesichert; jedoch handelt man dafür neue Schwierigkeiten ein, wie man sehen wird – diese ließen sich aber leichter beheben.

In der technischen Literatur gilt der Engländer *A. D. Blümlein* von der E.M.I., Hayes (Großbritannien), als der Erfinder der Stereo-Schallplatte mit zwei Tonaufzeichnungen in einer Rille. Sein Vorschlag (Brit. Pat. No. 394 325 vom 14.12.1931) vereinigt in einer Rille sowohl die Edisonsche Tiefenschrift als auch die von Emil Berliner 1888 eingeführte Seitenschrift; je eine Richtung wurde einem Kanal zugeordnet, also sind die Informationen beider Kanäle in einer Rille untergebracht (Zweikomponentenschrift). Der Vorteil der zwangsläufig gleichzeitigen und gegeneinander nicht verschiebbaren Abtastung beider Tonaufzeichnungen ist ohne weiteres ersichtlich; neu ist das Beibehalten der ursprünglichen Spielzeit, die ja bei der Schallplatte mit zwei Rillenzonen halbiert wird.

In **Bild 13** sind die Kraftkomponenten der Zweikomponentenschrift dargestellt, und zwar die beiden möglichen bzw. teilweise praktisch angewendeten Achsenkreuze 90° und 45°. Im ersten Fall liegen beide Bewegungsrichtungen senkrecht zur Plattenebene bzw. in derselben, und bei der zweiten liegen beide unter 45° zur Plattenebene.

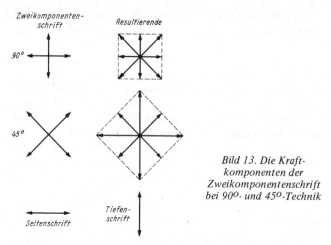

Bild 13. Die Kraft-
komponenten der
Zweikomponentenschrift
bei 90°- und 45°-Technik

Nun stellen wir uns vor, daß beide Informationen der zwei Kanäle gleichgroß seien. Beim 90°-Verfahren entstehen Resultierende in der 45°- Richtung und beim 45°-Verfahren solche in der 90°-Ebene. Physikalisch betrachtet sind also beide Methoden im Ergebnis gleich, nur ihre Achsenkreuze sind gegeneinander verdreht (X bzw. +). Mit Hilfe von Wandlern läßt sich jedes der beiden Aufzeichnungssysteme jeweils in das andere transponieren, jedoch haben diese nach der 1958 erfolgten Normung für die Stereo-Schallplatten-Wiedergabe keine praktische Bedeutung mehr. *Alle Schallplattenhersteller haben sich für die 45°-Technik entschieden,* u.a. wegen der geringeren Rumpelgefahr. Die bei der 90°-Technik gegenüber der 45°-Technik wesentlich größere vertikale Bewegung der Abtastnadel hätte etwaige Rumpelgeräusche des Plattenspielers stark übertragen. Offenbar ist auch das Schneiden der 90°-Platte etwas schwieriger.

Das Rillenprofil einer mit der 45°-Technik geschnittenen Schallplatte ist eigentümlich geformt, zumal bei sehr unterschiedlicher Information in Kanal 1 und 2.

In **Bild 14a** und **b** sind die bekannten Verhältnisse bei der monauralen (Einkomponenten-) Schallplattenrille dargestellt, die lediglich seitliche Auslenkungen bei gleichbleibender Tiefe

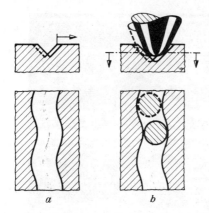

Bild 14. Monaurale Aufzeichnung auf Schallplatte und Abtastung. a) Seitenschrift, b) Abtastung mit Nadel in der Ebene der Flankenberührung

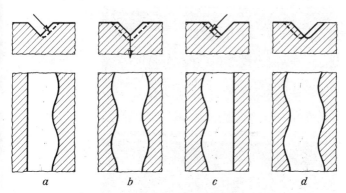

Bild 15. Stereofone Aufzeichnung.
a) *Schalldruck am rechten Mikrofon = Modulation der rechten Rillen-flanke,*
b) *Schalldruck gegenphasig an beiden Mikrofonen = gegenphasige Modu-lation beider Rillenflanken = Tiefenschrift,*
c) *Schalldruck am linken Mikrofon = Modulation der linken Rillenflanke,*
d) *Schalldruck gleichphasig an beiden Mikrofonen = gleichphasige Modu-lation beider Rillenflanken = Seitenschrift*

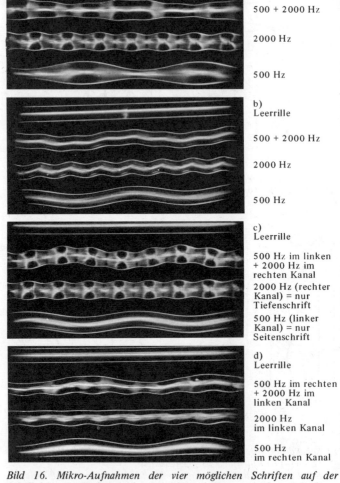

a)
Leerrille

500 + 2000 Hz

2000 Hz

500 Hz

b)
Leerrille

500 + 2000 Hz

2000 Hz

500 Hz

c)
Leerrille

500 Hz im linken
+ 2000 Hz im
rechten Kanal
2000 Hz (rechter
Kanal) = nur
Tiefenschrift
500 Hz (linker
Kanal) = nur
Seitenschrift

d)
Leerrille

500 Hz im rechten
+ 2000 Hz im
linken Kanal

2000 Hz
im linken Kanal

500 Hz
im rechten Kanal

Bild 16. Mikro-Aufnahmen der vier möglichen Schriften auf der Schallplatte: a) Tiefenschrift nach Edison, b) Seitenschrift nach Berliner, c) 90°-Stereo (Tiefe/Seite +), d) 45°-Stereo (45/45 X)

kennt. Wenn nun die beiden Komponenten der Stereo-Aufzeichnung getrennt voneinander je in eine Rillenflanke eingeschnitten werden, so ergeben sich ungefähr Rillenprofile gemäß **Bild 15a** bis **d**. Die **Bilder 16a** bis **d** sind Mikrofotografien von vier Schneideverfahren: Edisonsche Tiefenschrift, Seitenschrift von Emil Berliner, 90°-Stereo und 45°-Stereo.

Bei der Festlegung der 45°-Stereotechnik als „Weltnorm" für Schallplatten sind zugleich weitere Empfehlungen ausgegeben worden:

	Stereo-Rille (45 U/min und 33⅓ U/min)	Mikro-Rille (monaural)	Zum Vergleich: Normal-Rille (78 U/min)
Rillenbreite	40 µm	60 µm	120 µm
Verrundung des Rillengrundes	5 µm	5 µm	40 µm
Flankenwinkel	88°	88°	88°
Spitzenverrundung des Abtastsaphirs	15 µm	25 µm	60 µm
Auflagedruck des Tonabnehmers	3...7 g	8...10 g	8...10 g

Bild 17 zeigt vergrößert, aber maßstabgetreu, die Lage des Saphirs in den drei Rillenarten. Der Radius der inneren Rille wurde auf 70 mm festgelegt, allerdings hat man diesen Wert nicht in die Norm aufgenommen. Allgemein wird die dem Plattenrand zugewandte Rillenflanke mit dem rechten Tonkanal und die auf das Plattenloch zeigende mit dem linken Tonkanal moduliert.

Die Herstellung von Stereoplatten ist heute Routine. Die maßgebenden Plattenhersteller nehmen seit Jahren neue Werke nur noch in Stereo auf; werden von diesen Werken Monoplatten gewünscht, so ist die Zusamamenfassung beider Spuren des Tonbandes recht einfach. Fast alle Plattenfirmen indessen verzichten auf die Parallel-Auslieferung eines Werkes in Mono und Stereo, sie bezeichnen ihre Platten mit „Stereo, auch Mono

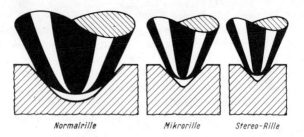

Normalrille   Mikrorille   Stereo-Rille

Bild 17. Vergrößerte, aber maßstabgerechte Darstellung der drei Rillenarten und ihrer Abtastnadeln

abspielbar". Letzteres gilt allerdings nur, wenn ein Leichttonarm benutzt wird. Es sind Versuche gemacht worden, ältere monofon aufgenommene Werke zu „stereofonisieren", was mit allerlei Tricks, wie Hall-Zusatz und Phasenverschiebung, in gewissen, ziemlich engen, Grenzen möglich ist. Der Musikfreund allerdings sträubt sich gegen diese Manipulationen, für ihn ist es schwer erträglich, etwa die Meisterwerke unter der Stabführung von Toscanini oder Furtwängler entgegen der damaligen Aufnahme plötzlich in einer Art von Stereofonie zu hören.

b) Stereo-Tonband

Seit geraumer Zeit werden Stereo-Tonbandgeräte nicht nur in der herkömmlichen Spulenausführung angeboten, sondern auch für die international gebräuchlichen Compact-Cassetten (CC-Cassetten). Spulentonbandgeräte in Stereoausführung werden allgemein in Viertelspurtechnik gebaut, die ihrerseits mit Bekanntwerden der Stereofonie in Deutschland dem Markt vorgestellt wurde. Allerdings gibt es für höchste Ansprüche auch Geräte in Halbspur-Stereo-Ausführung. Bei letzteren wurde der von der monofonischen Halbspuraufzeichnung her bekannte Tonkopf mit einem zweiten, völlig gleichwertigen System versehen, was neben den qualitativen Vorteilen in bezug auf den Geräuschspannungsabstand für den Benutzer den Nachteil bedeutet, daß er bei Stereo- Aufnahme praktisch Vollspurbetrieb hat und somit das Tonband bei einem Durchlauf voll bespielt ist.

Die Viertelspur-Stereo-Geräte bieten den Vorteil, daß bei Stereo- Aufnahmen der Bandverbrauch nicht größer wird als bei Mono-Halbspur. Die früher den Viertelmodellen nachgesagten Nachteile, wie beispielsweise geringere Dynamik (geringerer Geräuschspannungsabstand), konnten durch moderne Entwicklungen zumindest gehörmäßig ausgeglichen werden. Die moderne Transistortechnik, die wesentlich verfeinerten Laufwerke sowie das verbesserte Bandmaterial haben dem Viertelspurverfahren zu einem Qualitätsstand verholfen, der heute weit höher liegt, als ihn noch vor wenigen Jahren die Halbspurtechnik bieten konnte.

Eine angenehme Begleiterscheinung der Viertelspur-Stereo-Geräte ist der wesentlich erweiterte Trickreichtum. So beherrscht der Amateur beispielsweise die Play-back- und Multi-play-back-Technik, die beide für Vertonungszwecke unentbehrlich sind. Dabei weisen diese Viertelspurgeräte Übersprechdämpfungen auf, die auch bei Monoaufnahmen keinerlei gegenseitige Beeinflussung der Tonspuren zulassen. Dies ist nicht nur auf die Gerätetechnik zurückzuführen, sondern auch auf die verfeinerte Tonkopfherstellung. Man ist heute soweit, daß bereits mit verhältnismäßig einfachen Laufwerken und der Bandgeschwindigkeit 9,5 cm/s die Hi-Fi-Norm DIN 45 500 voll erfüllt werden kann. Ein Beispiel hierfür hierfür ist das Gerät TK 147 HiFi von Grundig.

Noch mehr Aufmerksamkeit in bezug auf die Mechanik und den elektrischen Teil müssen die Entwickler bei den Stereo-Cassetten-Geräten aufwenden (**Bild 18**). Hier steht ja nicht mehr das sonst übliche 6,25 mm breite Tonband zur Verfügung, sondern ein solches von 3,81 mm Breite. Wie man **Bild 19** entnehmen kann, ergibt sich daraus für Monoaufnahmen eine Spurbreite von jeweils 1,5 mm und ein Spurabstand von 0,8 mm. Im Gegensatz zu den Spulengeräten wird für Stereoaufnahmen bei der CC-Cassette die Monohalbspur halbiert, und die beiden Hälften werden nebeneinander gelegt. Daraus ergeben

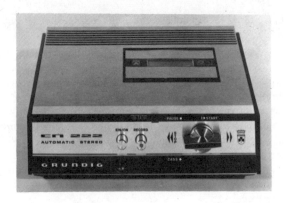

Bild 18. Das netzbetriebene Stereo-Cassetten-Tonbandgerät CN 222 Automatic Stereo ist zur Kombination mit einem Stereo-Rundfunkempfänger gedacht, über den auch die Wiedergabe erfolgt (Grundig)

sich Spurbreiten pro Kanal von 0,6 mm und ein Spurabstand zwischen beiden Kanälen von 0,3 mm.

Dieses System erlaubt es nicht, alle vier Spuren für sich getrennt auszunutzen, so daß Cassettengeräte immer Halbspurgeräte bleiben werden, wenn sie auch für Stereoaufnahmen Viertelspurmodelle darstellen. Der Vorteil dieser Spuraufteilung ist, daß Stereoaufnahmen ohne Qualitätsverluste auch mit Monogeräten wiedergegeben werden können. Aus diesem Grunde sind auch alle handelsüblich bespielten Cassetten stereofonisch ausgelegt.

c) Stereo-Tonabnehmer

Die Kunststoffschallplatte ist, wie man inzwischen weiß, unbeschadet ihrer vielen Vorzüge nicht unbedingt der ideale Tonträger für die Stereo-Aufzeichnung. Ihre Oberflächengüte genügt nicht immer, das Material ist weich und relativ elastisch, so daß es sich unter dem Druck des Tonabnehmers deformieren kann. Als unvermeidliche Folge von Fertigungstoleranzen stehen die beiden Rillenflanken nicht immer ganz genau unter dem vorge-

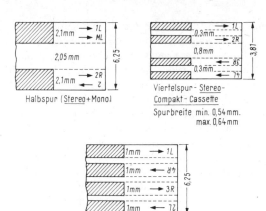

Bild 19. Spurenschema für Stereo-Tonbandgeräte

schriebenen Winkel von 88°, wie auch die Flankenneigung ge-
genüber der Plattenoberfläche manchmal von 45° abweicht.
Auch ist die Übersprechdämpfung heute noch nicht bei allen
Aufnahmen und Pressungen hoch genug; manchmal liegt sie
unterhalb von 20 dB, insbesondere bei den höheren Frequenzen.
Ob die Amplitude der Modulation bei Mittensignalen in beiden
Kanälen stets gleich ist, sei dahingestellt, und was Dynamik und
Verzerrung anbetrifft, so sind die Urteile der kritischen Hörer
nicht immer positiv. Gewiß werden bei Qualitätsaufnahmen und
-pressungen die meisten dieser Fehler vermieden, aber es be-
stehen ganz selbstverständliche Unterschiede, die sich z.T. im
Preis der Schallplatte ausdrücken.

Kommen nun zu diesen Fehlern noch weitere negative Einflüsse vom Tonabnehmer hinzu, so ist der Stereoeffekt schlecht-
hin in Frage gestellt. Die Forderungen an den Stereo-Tonabnehmer sind daher wesentlich höher als an das monaurale Abtast-
system. Seine Nadel muß den komplizierten Rillenauslenkungen
in zwei Dimensionen folgen und sie korrekt *beiden* Wandlern
übermitteln, aus denen im Grunde genommen jeder Stereo-Ton-

37

abnehmer besteht. Diese Übertragung hat jedoch derart zu erfolgen, daß jedes Wandlerelement nur die Bewegung einer Rillenflanke (= Inhalt eines Kanals) zugeführt bekommt; beide Systeme sollen ihre Aufgabe, die Umwandlung der mechanischen Bewegung in elektrische Spannung, so unabhängig voneinander wie nur möglich ausüben. Gegenseitige Beeinflussung oder Mitnahme äußert sich als Verminderung der Übersprechdämpfung.

Die Mindestanforderungen an Tonabnehmer nach DIN 45 500 sind in mancher Hinsicht relativ niedrig angesetzt. So braucht der Frequenzbereich nur 40 Hz bis 12 500 Hz zu betragen, wobei die Abweichungen im Bereich 40 ... 63,5 Hz und 8000 ... 12 500 Hz bei ± 5 dB liegen dürfen. Die nichtlinearen Verzerrungen, gemessen nach dem Intermodulationsprinzip (Meßfrequenz 400 Hz und 4000 Hz mit 6 dB Amplitudenunterschied) sind auf $\leq 1\,\%$ Frequenz-Intermodulation begrenzt. Wichtige Kriterien sind die Unterschiede der Übertragungsmaße der Kanäle und die Übersprechdämpfung zwischen den Kanälen. DIN 45 500 legt für den erstgenannten Wert ≥ 2 dB bei 1000 Hz fest, was in der Praxis durchweg eingehalten werden kann. Die Übersprechdämpfung muß bei 1000 Hz ≥ 20 dB sein und zwischen 500 Hz und 6300 Hz ≥ 15 dB. Mit dieser relativ geringen Übersprechdämpfung kommt man aus, denn eine Erhöhung würde den Stereo-Eindruck nicht verbessern, schon weil einige andere Glieder der Kette zwischen Mikrofon im Studio und dem Hörer im Heim ebenfalls keine größere Übersprechdämpfung haben. **Bild 20** zeigt gemessene Werte eines Hi-Fi-Systems (Ortofon SL 15/E mit zugehörigem Transformator 2-15-K).

Eine weitere Forderung ist die nach großer Gleichmäßigkeit beider Einzel-Systeme bezüglich Frequenzgang und Resonanzspitzen. Größere, insbesondere frequenzabhängige, Abweichungen verschlechtern den Stereo-Effekt ebenfalls. Hier ein Beispiel:

Wir hören ein Trompetensolo von der Stereo-Platte. Nun mag System 1 des Tonabnehmers eine besonders hohe Empfindlichkeit bei 700 Hz, System 2 bei 600 Hz aufweisen. Spielt aber der Trompeter einen Ton nahe an 700 Hz, so wird der von System 1 gespeiste Kanal lauter sein als der andere und damit den „Stand-

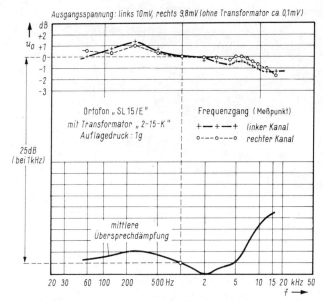

*Bild 20. Meßwerte eines Hi-Fi-Tonabnehmersystems (Ortofon SL 15 E
mit Transformator 2−15−K)*

ort" des Trompeters herüberziehen. Jetzt wechselt der Trompeter zu einem Ton im Bereich um 600 Hz − und flugs kehren sich die Verhältnisse um, obwohl der Trompeter weder die Lautstärke noch seinen Standort geändert hat. Dieser unerwünschte Effekt läßt sich, wie man einsehen wird, durch den Balanceregler nicht ausgleichen.

Im Prinzip bedient man sich beim Stereo-Tonabnehmer der bekannten Verfahren für die Umwandlung der mechanischen Nadelbewegung in elektrische Spannung, so daß sich auch die üblichen Qualitätsunterschiede der Tonabnehmer-Systeme bei Stereo-Übertragung auswirken. Die mechanischen Vorgänge in einem piezoelektrischen Tonabnehmer für Stereo-Platten lassen sich besonders gut in einem Großmodell gemäß **Bild 21** studieren.

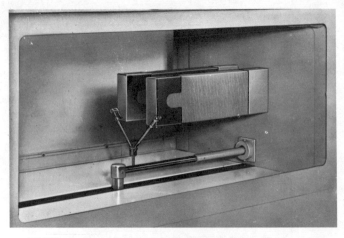

Bild 21. Großmodell eines piezoelektrischen Stereo-Abtasters für Demonstrationszwecke (Telefunken)

Wie schon im Kapitel über die Stereo-Schallplatte ausgeführt wurde, ist die Stereo-Rille schmaler als die übliche Mikrorille, so daß die Verrundung der Saphir- oder Diamantspitze von rd. 25 μm auf rd. 15 μm zu vermindern war. Infolgedessen muß der Auflagedruck des Tonabnehmers geringer werden, und zwar von 10 g auf 3 ... 7 g. Das wiederum hat zur Folge, daß nunmehr die statischen und dynamischen Rückstellkräfte des Tonabnehmers kleiner zu halten sind[1].

Für die Konstruktion von Stereo-Tonabnehmersystemen ist ein gutes Dutzend verschiedener Vorschläge bekannt, die sich in

---

[1] *Statische Rückstellkraft:* Diese Kraft ist notwendig, um die Nadelspitze aus ihrer Ruhelage auszulenken; bei Stereo-Systemen wird sie für horizontale und vertikale Bewegung der Nadel angegeben und auf jeweils 60 μm Auslenkung bezogen. – *Dynamische Rückstellkraft:* Sie setzt sich zusammen aus der statischen Rückstellkraft und der aus der Schwingmasse des Systems resultierenden und auf die Nadelspitze bezogenen Wechselkraft. Sie ist frequenzabhängig und bestimmt maßgeblich die Abnutzung von Schallrille und Abtastspitze bei hohen Frequenzen.

einige Grundverfahren und mehrere Varianten aufteilen. Nachstehend seien die wichtigsten davon skizziert und in Kurzform erläutert (nach *C. R. Bastiaans,* Radio-Bulletin). Die Reihenfolge bestimmt sich durch die beiden Methoden der Bewegungstrennung bzw. Bewegungsübertragung (mechanische und elektrische Trennung).

Mechanische Trennung

Piezo-elektrische Systeme: Kreuzübertragung. Zwei Kristallplättchen sind gegeneinander im Winkel von 45° montiert und einseitig gehaltert. Das Koppelstück besteht aus zwei Kunststoffstückchen, die sich vorn kreuzen (**Bild 22**) oder das bei paralleler Montage beider Kristallplättchen entsprechend **Bild 23** ausgeführt ist. Vorn trägt das Kunststoffteil ein Röhrchen mit dem Saphir gemäß Bild 23. Je nach den Bewegungen, die durch die Pfeile angedeutet sind, wird nur das rechte oder das linke Kristallplättchen mechanisch beeinflußt.

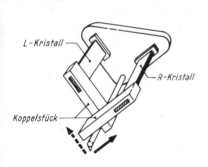

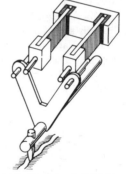

Bild 22. Piezoelektrischer Stereo-Abtaster mit Kreuzkoppelstück und schräggestellten Kristallplättchen (Garrard)

Bild 23. Ähnlich wie Bild 24, jedoch mit V-förmigem Koppelstück und parallelgestellten Kristallplättchen (siehe auch Bild 21: Telefunken)

Parallelogramm-Übertragung: Kunststoffarme von genau spezifizierter Flexibilität formen gemäß **Bild 24** eine Raute, deren untere Rille den Nadelhalter aufnimmt. Die beiden Kristallplätt-

41

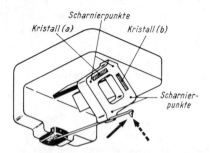

Bild 24. Piezoelektrischer Stereo-Abtaster mit Parallelogramm-Übertragung

chen sind im Oberteil der Raute eingelassen und werden durch diese, die vier Scharnierpunkte besitzt, bei der Nadelbewegung entsprechend gebogen und auf Grund des piezo-elektrischen Effekts zur Abgabe von elektrischer Spannung veranlaßt. Die Aufgabe des Konstrukteurs ist es, etwa bei einer Nadelbewegung gemäß ausgezogenem Pfeil (linke Rillenflanke) nur die Biegung des Kristalls a zuzulassen, während Kristall b in Ruhe bleibt.

Eine Variation dieser Ausführung ist in **Bild 25** dargestellt. In diesem Umschalt-System für Normal- und Mikro-Rillen, das u. a. von Dual, Ronette und BSR hergestellt wird, biegt etwa eine „linke" Flankenbewegung nur das Kristallplättchen a, während

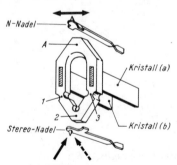

Bild 25. Ähnlich wie Bild 24, jedoch als Umschaltsystem N/M ausgebildet (BSR, Dual, Ronette)

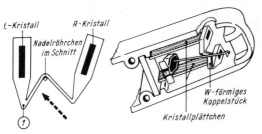

Bild 26. Piezoelektrischer Stereo-Abtaster mit W-förmigem Koppelstück.
Links das Prinzip, rechts die Konstruktion (Philips)

b wiederum in Ruhe bleibt. Ist jedoch die Nadel für die 78er-Platten eingeschaltet, soll also Einkanalaufzeichnung wiedergegeben werden, so ergibt sich nur eine laterale Bewegung des Punktes A, so daß beide Kristalle angeregt werden.

W-förmige Kopplung: **Bild 26** zeigt links das Prinzip und rechts das ausgeführte Muster eines Philips-Stereo-Tonabnehmers. Der gestrichelte Pfeil deutet eine Bewegung im Rechtskanal an; das Kunststoff-Koppelstück wird um Punkt 1 gebogen und nimmt den Rechts-Kristall mit, der somit einer Biegung unterliegt.

Langer Flügel-Nadelträger: Columbia hat einen besonders langen Nadelträger gemäß **Bild 27** entwickelt, dessen Flügel mit den

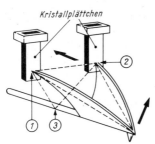

Bild 27. Piezoelektrischer Stereo-Abtaster mit langem, flügelförmigem
Nadelträger (Columbia)

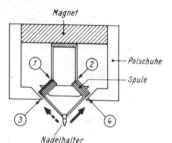

Bild 28. Elektrodynamischer
Stereo-Abtaster (Westrex)

beiden Kristallplättchen verbunden sind. Es ergibt sich ein virtueller Drehpunkt bei 3, und wenn die Nadel gemäß Pfeil bewegt wird, schwenkt der lange Nadelhalter um die Linie 1–3 und drückt Punkt 2 nach hinten.

Elektrodynamische Systeme

Westrex-Stereo-System: Hier ergeben sich gemäß **Bild 28** zwei Luftspalte, in denen die magnetischen Kraftlinien in einem Winkel von 45° zur Vertikalen verlaufen. In beiden Luftspalten ist je eine Spule angeordnet; die Spulen werden von einem Kunststoffbügel in 1 und 2 festgehalten, während der Nadelhalter bei 3 und 4 angebracht ist. Diese Parallelogrammbefestigung ergibt bei eindeutiger Nadelbeeinflussung immer nur die Bewegung einer Spule. Diese schneidet die Kraftlinien, und man kann ihr eine Spannung entnehmen.

Kreuzkupplung: Ortofon hat das in **Bild 29** skizzierte Verfahren der Kreuzkupplungsaufhängung entwickelt. Hier ist der Nadelträger an einem Blöckchen befestigt, das an vier Punkten (1 u. 2) gelagert ist. Die gezeichnete Auslenkung der Nadel bewegt den Block derart, daß nur System a beeinflußt wird, während System b in Ruhe bleibt (Polschuhe, Magnet und Spule sind bei beiden Systemen aus Übersichtsgründen weggelassen).

Elektrische Trennung

Die bisher besprochenen Systeme trennen beide Bewegungskomponenten der Stereo-Aufzeichnung rein mechanisch. Dane-

44

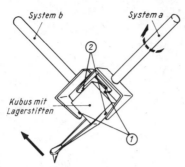

Bild 29. Elektrodynamischer Stereo-Abtaster mit Kreuzkupplung (Ortofon)

ben gibt es Verfahren für die elektrische Trennung, geeignet für piezo-elektrische und elektrodynamische Verfahren.

Keramik-System: Dieses von Eric, Electrovoice und anderen Firmen angewendete Prinzip bedient sich eines röhrenförmigen Stückes keramischen Materials (Blei-Zirkoniumtitanat, P. Z. T.), dessen äußerer Silberbelag in vier Quadrate unterteilt ist **(Bild 30)**. Je nach Druckrichtung, die von der Nadel übermittelt wird, entsteht auf Grund des piezoelektrischen Effekts eine Spannung an 1—2 oder 3—4, während die jeweiligen beiden anderen

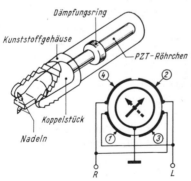

Bild 30. Keramischer Stereo-Abtaster mit innen versilbertem PZT-Röhrchen, das außen vier Silberquadrate trägt (Electrovoice)

45

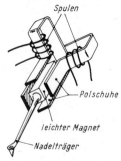

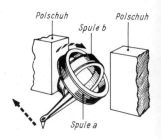

Bild 31. Magnetdynamischer
Stereo-Abtaster mit leichtem
Magnet als Anker innerhalb
von vier Polschuhen (Elac,
Shure)

Bild 32. Elektrodynamischer
Stereo-Abtaster mit zwei beweg-
lich aufgehängten, miteinander
jedoch starr verbundenen Spulen
im homogenen Magnetfeld
(Fairchild)

Quadrate bezüglich Spannungsabgabe kompensiert sind. In der
gezeichneten Form ist der Tonabnehmer als Umschaltsystem für
N und M gebaut.

Magnet-dynamisches System (**Bild 31**). Zwischen zwei Pol-
schuhpaaren schwingt ein Anker in Form eines sehr leichten
Magneten, der an einem starren Hebel die Nadel trägt. Die
ringförmige, elastische Aufhängung des Ankers innerhalb der
Polschuhe, deren Magnetfelder senkrecht aufeinander stehen,
wirkt wie ein Kardangelenk, so daß der Anker jeder Bewegung
der Nadel innerhalb der Ebene der Modulationskomponenten
frei folgt und in den Spulen zwei Spannungen erzeugt (Elac,
Shure).

Elektro-dynamisches System: Zwei rechtwinklig aufeinander
stehende Spulen befinden sich zwischen zwei Polschuhen eines
Permanentmagneten; beide sind starr miteinander verbunden
und tragen gemeinsam die Nadel (**Bild 32**) . Bewegt sich diese
gemäß gestricheltem Pfeil, so wird sich Spule a um ihre eigene
Achse drehen, jedoch keine Kraftlinien des homogenen Magnet-
feldes schneiden und somit keine Spannung abgeben. Hingegen
kippt Spule b derart, daß Kraftlinien geschnitten werden (Fai-
schild).

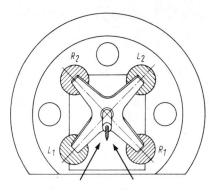

Bild 32 a. Magnet-dynamisches Tonabnehmersystem für Stereo- und Mono-Schallplatten SP 10 (Bang & Olufsen)

Ein neues magnet-dynamisches System zum Abspielen sowohl von Stereo- als auch von Mono-Schallplatten liefert Bang & Olufsen unter der Bezeichnung SP 10. Eine Diamantnadel mit 15 μm Spitzenverrundung ist über ein Röhrchen mit einem extrem beweglichen Mu-Metallkreuz verbunden, dessen Abstandveränderungen zu vier Magnetspulen (**Bild 32a**) entsprechende Induktionen eines Stromes hervorrufen. So bewirkt die linke Seite der Rillenwand eine Bewegung des Mu-Metallkreuzes um die Linie $R_1 - R_2$, wobei sich der Abstand zu den Magnetspulen L_1 und L_2 ändert; diese liefern ein linkes Stereosignal. Analog löst die rechte Seite der Stereorille eine Bewegung des Metallkreuzes um die Linie $L_1 - L_2$ aus.

Einige Begriffe aus der Technik der Stereotonabnehmer

Nachgiebigkeit (engl: compliance): Sie gibt an, wie leicht das bewegliche Teil des Systems den Rillenauslenkungen der Schallplatte folgt. Je größer die Nachgiebigkeit ist, desto genauer kann den komplizierten Rillenformen gefolgt werden. DIN 45 500 schreibt eine Nachgiebigkeit von 4 x 10^{-6} cm/dyn vor. Sehr gute magnet- dynamische Tonabnehmersysteme bringen es auf 25 x 10⁻⁶ cm/dyn und darüber.

Effektive Nadelmasse: Um die Nachgiebigkeit zu verbessern, müssen die beweglichen Teile extrem leicht sein. Bei dem in Bild 32 skizzierten magnet-dynamischen System liegt die dynamische Masse von Diamant, Nadelträger und Mu-Metallkreuz unter 1 Milligramm. Hiervon hängt die Lebensdauer der Schallplatte weitgehend ab, denn die Abtastspitze ist beim Durchlaufen der Rillen Beschleunigungen in der Größenordnung von bis 1000 g (1 g = Erdbeschleunigung) ausgesetzt.

Auflagedruck: Die ersten Stereotonabnehmer nach Einführung der Stereoschallplatte wurden durchweg auf 3 . . . 7 g Auflagegewicht eingestellt; heute ist die Tonabnehmertechnik so weit entwickelt, daß mit Auflagegewichten von 0,5 . . . 1,5 g gearbeitet werden kann. Es wird daher eine präzise Einstellmöglichkeit des Auflagegewichtes verlangt. Ein Beispiel: Beim Dual 1209 ist das Gewicht kontinuierlich zwischen 0 und 5,5 g einstellbar, und zwar mit einer Genauigkeit von ± 0,1 g. Die gewählte Einstellung kann präzise abgelesen werden.

Vertikaler Spurwinkel: Beim Abspielen ist der Diamant entsprechend der internationalen Normung um 15° nach vorn geneigt, was genau den Verhältnissen beim Schneiden der Lackplatte in der Schallplattenfabrik entspricht (**Bild 33**). Bei man-

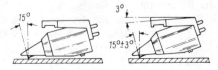

Bild 33. Neigungswinkel des Diamanten beim Abspielen

chen Plattenwechslern ist der vertikale Spurwinkel des Systems auf 18° eingestellt. Dann wird die erste Schallplatte mit 18° Spurwinkel abgespielt, die fünfte mit 15° und die zehnte mit 12°, wodurch die Abweichung vom korrekten Wert (15°) möglichst klein gehalten wird. Bei anderen Wechslern wird die Basis des Tonarmes beim Wechseln mechanisch verändert.

Nadelverrundung: Wie erwähnt, sind der Norm entsprechend die Nadeln der Stereo-Systeme an der Spitze mit einem Verrundungsradius von 15 μm geschliffen, womit sich Stereo- und Monoplatten gleichermaßen abspielen lassen. Manche Hersteller von Systemen bevorzugen Nadeln mit elliptischem (genau: biradialem) Querschnitt, die dem Rillenverlauf an bestimmten kritischen Stellen besser als die runden Nadeln zu folgen vermögen. Nachteil: Diese Nadeln sind schwierig zu schleifen und daher teuer.

Antiskating: Unter Skating versteht man die Kraft, die den Tonarm bei der Abtastung der Schallplatte zur Mitte zieht; das bedeutet eine ungleiche Belastung der Rillenflanken und kann zu Verzerrungen in der Wiedergabe führen. Daher haben viele Hi-Fi-Plattenspieler einstellbare Antiskating-Einrichtungen, die praktisch reibungsfrei am Tonarm angreifen. Die Einstellung hängt etwas von der Art der Nadel (sphärisch, d. h. rund, oder elliptisch/biradial) ab, so daß gelegentlich am Einstellknopf zwei Skalen zu finden sind.

Pitch-Control: Hinter diesem Fachausdruck verbirgt sich nichts weiter als eine zusätzliche Drehzahleinstellung. Beim Dual 1209 beispielsweise lassen sich die Tempi und damit die Tonhöhe um 6 % = 1/2 Ton verändern.

Tonarm-Mechanik: Hi-Fi-Plattenspieler sind mit sehr präzisen Tonarmkonstruktionen ausgestattet. Damit das System der Rille auch dann genauestens folgen kann, wenn das Auflagegewicht bei nur 1 g liegt, muß der Tonarm sowohl in der Vertikalen als auch in der Horizontalen extrem leicht gelagert sein. Die Lagerreibung beträgt bei guten Fabrikaten vertikal 0,001 g und horizontal 0,04 g, bezogen auf die Abtastspitze. – Die Tonarmresonanz muß unterhalb der Hörgrenze bleiben; sie hängt ab vom Wert der Compliance (C) und dem Gewicht des Systems selbst. Gute Werte wie $C = 25 \times 10^{-6}$ cm/dyn und 5,5 g Gewicht des Systems ergeben eine Tonarmresonanz von unter 10 Hz.

Eine Abtastung der Platte ohne tangentialen Fehlwinkel ist nur theoretisch – mit einem unendlich langen Tonabnehmer –

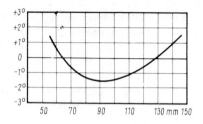

Bild 34. Fehlwinkel in Abhängigkeit von der Tonabnehmer-Länge

möglich. In der Praxis liegt der maximale Fehlwinkel bei richtiger Konstruktion des Tonarmes unter 1,5° **(Bild 34)**; die dadurch hervorgerufenen Verzerrungen sind unhörbar.

5 Der stereofone Rundfunk

In der letzten Auflage dieses Buches stand an dieser Stelle zu lesen, daß „kein Zweifel darüber besteht, daß sich auch in Europa schließlich die US-Stereo-Norm durchsetzen wird". Die Vorhersage war richtig; im Jahre 1970 benutzten die meisten westeuropäischen Rundfunkorganisationen das Pilottonverfahren, das sich, insgesamt gesehen, bewährt hat. Im Bundesgebiet strahlt jede Rundfunkanstalt in ihrem Bereich mindestens in einem Hörfunkprogramm ständig Stereosendungen aus; im II. Programm des Norddeutschen Rundfunks ist der Pilotton von Programm-Beginn bis -Ende geschaltet, selbst wenn monofone Sendungen übertragen werden. Zwei Hörfunkprogramme Österreichs verbreiten Stereo-Sendungen; Großbritannien hat ebenfalls ein großes Stereoangebot, in Holland wurde im März 1969 die Zahl der Stereosender wesentlich vermehrt, inzwischen ist Holland voll „stereoversorgt". Die Schweiz sträubt sich noch gegen die Stereofonie im Hörfunk. Schweden schwankte auch 1970 noch, ob das Pilottonverfahren oder das Berglund-System mit Dynamik-Kompression bzw. Expansion eingeführt werden soll. Es ist jedoch nur eine Frage der Zeit, daß sämtliche europäischen Länder Stereoprogramme im Hörfunk ausstrahlen. Die meisten Rundfunkorganisationen nehmen seit geraumer Zeit ebenso wie die Schallplattengesellschaften Musik nur noch stereofon auf.

Es ist daher selbstverständlich, daß die Rundfunkgerätehersteller alle mit Zweikanal-Nf-Verstärker ausgerüsteten Empfänger von vornherein mit einem Stereo-Decoder ausstatten; die „für Stereo vorbereiteten" Geräte gehören der Vergangenheit an.

a) Das Pilottonverfahren

Das am 20. April 1961 von der amerikanischen Bundesnachrichtenbehörde zur Einführung freigegebene Stereosystem – es geht auf Entwicklung der Firmen General Electric Co. und Zenith Radio Corp. zurück und wurde vom National Stereophonic Radio Comittee endgültig fixiert – war, wie erwähnt, von den meisten europäischen Staaten übernommen worden; die vielen konkurrierenden Verfahren, darunter PAM von Siemens und HMD von Loewe Opta sowie Vorschläge von Enkel, Griese und H.F. Mayer, kamen nicht zum Zuge.

Das ideale Stereosystem für den Hörfunk soll nachstehende Bedingungen erfüllen:

a) Die Stereosendung muß voll kompatibel sein, d. h. das Stereosignal garantiert bei Einkanalwiedergabe die vollständige Reproduktion des Schallereignisses und bringt nicht etwa nur ein Seitensignal (die L- oder R-Information) zu Gehör.

b) Der Versorgungsbereich des mit Stereoprogramm modulierten Senders soll gegenüber monofoner Modulation nicht geringer sein.

c) Der Frequenzbedarf (Hf-Bandbreite) des Senders darf bei Stereoaussendung nicht ansteigen; die Frequenzverteilung gemäß dem Europäischen VHF/UHF-Plan von Stockholm (1961) darf nicht beeinträchtigt werden.

d) Empfängerseitig soll der Aufwand, sieht man von der unabdingbaren Verdoppelung des Nf-Verstärkers und der Lautsprecher ab, gering bleiben.

Die Untersuchungen des amerikanischen National Stereophonic Radio Comittee, der europäischen Rundfunkgesellschaften und einiger Industriefirmen zeigten, daß das von General Electric Co./Zenith Radio Corporation angegebene Pilotton-Verfahren dem Ideal nahekommt; am 20. April 1961 genehmigte daher die amerikanische Federal Communications Commission (FCC) dieses Verfahren.

Bei diesem System moduliert die Summe aus dem rechten und linken Kanal (L + R) unmittelbar den Sender, während die Differenz beider Signale (L – R) verschlüsselt übertragen wird. Damit ist sichergestellt, daß die Stereo-Sendung über den UKW-Sender vom monofonen Rundfunkgerät in gewohnter Weise und mit bisheriger Qualität aufgenommen werden kann und die Forderung a) erfüllt ist. Dank der Verschlüsselung von (L – R) läßt sich im Stereo-Empfänger mit einem relativ einfachen Entschlüssler (Decoder) das ursprüngliche Stereo-Signal wiedergewinnen.

Das Differenzsignal amplitudenmoduliert einen Hilfsträger von 38 kHz, etwa wie einen Mittelwellen-Rundfunksender, jedoch ist der Träger selbst unterdrückt; ohne Differenzsignal (L − R) ist auch kein Hilfsträger anwesend. Auf diese Weise gewinnt man einen größeren Aussteuerungsbereich für das Nutzsignal.

Nun verlangt aber der Empfänger zum Rückgewinnen des Differenzsignals einen phasenstarr an den modulierten Hilfsträger gekoppelten 38-kHz-Träger. Er wird auf dem Umweg über einen dem Signal beigegebenen 19-kHz-Pilotton erzeugt; letzterer verlangt nur 10 % des Aussteuerungshubes des UKW-Senders.

Im Sender wird diese 19-kHz-Frequenz verdoppelt und ergibt den 38-kHz-Hilfsträger.

Bild 35 erläutert, was der FM-Sender zu übertragen hat: im Hauptkanal des (L + R)-Signal mit 15 kHz als oberer Grenzfrequenz, den 19-kHz-Pilotton, das Differenzsignal (L − R), ebenfalls mit 15 kHz oberer Grenzfrequenz, in Zweiseitenband-Amplitudenmodulation einem Hilfsträger von 38 kHz aufgedrückt, so daß die Seitenbänder von 23 bis 37,984 kHz und von 38,016 bis 53 kHz reichen. Der Hilfsträger wird unterdrückt, während das übrigbleibende Signal ohne Träger in einer Addierstufe dem (L + R)-Signal beigefügt wird.

Die Phasenlage des Pilotton ist kritisch; die Phasenkurven von (L + R) und (L − R) dürfen höchstens um ± 3 % differieren, wenn die vorgeschriebene Übersprechdämpfung von 30 dB über den gesamten Bereich von 30 Hz bis 15 kHz eingehalten werden soll.

Bezüglich des zulässigen Klirrfaktors gibt es zwischen dem Hauptkanal (Summe) und den Seitenbändern des Hilfskanals (Differenz) keinen Unterschied. Es gelten: 2,5 % im Bereich 100 . . . 7500 Hz, 3 % im Bereich 7500 . . . 15 000 Hz und 3,5 % im Bereich 50 . . . 100 Hz.

In der in Amerika eingeführten Art des Pilottonsystems ist noch ein weiterer Hilfskanal für die Übertragung eines zweiten

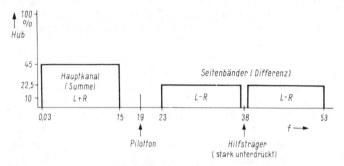

Bild 35. Modulation eines FM-Senders nach dem Pilottonsystem. Die gesamte Senderaussteuerung von 100 % verteilt sich wie folgt: 45 % auf den Hauptkanal, je 22,5 % auf beide Seitenbänder und 10 % auf den Pilotton

monofonen Programms vorgesehen, dessen Träger auf 67 kHz liegt. Einige amerikanische UKW-Sender verbreiten in diesem Kanal gegen Bezahlung Hintergrundmusik für Warenhäuser, Supermärkte, Restaurants usw. Dieser Zusatz heißt offiziell SCA (= Subsidiary Communications Authority); sein Träger darf den Hauptträger nicht höher als mit 10 % modulieren. Zwischen dem SCA-Kanal und jedem Stereokanal muß die Übersprechdämpfung = 60 dB bei hundertprozentiger Aussteuerung des Hauptträgers sein. In Europa wird dieses Verfahren u. W. allein vom UKW-Sender Radio Monte Carlo in Monaco benutzt.

Das Pilottonverfahren erfüllt die Forderungen nach a) vollkommen, nach c) und d) befriedigend. Es sei erwähnt, daß der heute noch gültige VHF/UHF-Plan von Stockholm (1961) ohne Berücksichtigung der Stereo-Modulation der UKW-Sender aufgestellt worden war.

Die Forderung nach b) kann nicht erfüllt werden, denn die Niederfrequenz- Bandbreite ist bis 53 kHz ausgeweitet und somit größer als bei monofonem Empfang. Bekanntlich steigt bei FM-Übertragungen der Rauschbeitrag von Störfrequenzen linear mit deren Abstand von der Empfangsfrequenz an (**Bild 36**). Das Pilottonsystem leidet daher unter einem verfahrensbedingten Rauschanstieg um ≈ 21 dB, der den Versorgungsbereich

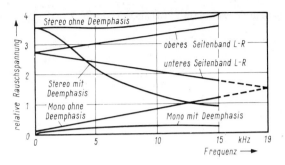

Bild 36. Rauschwerte in Abhängigkeit von der Frequenz und dem Empfangsprinzip

des mit Stereo modulierten UKW-Senders einengt und in dessen Randzonen keinen rauschfreien Stereoempfang zuläßt. Das wirkt sich oft unangenehm aus; manche Hörfunkteilnehmer sind nicht davon zu überzeugen, daß dieser Mangel des Systems unabdingbar und daher Stereo- UKW-*Fern*empfang nur mit sehr großem Antennenaufwand möglich ist. Empfängerseitig läßt sich die Empfindlichkeit der Eingangsschaltungen im UKW-Bereich nur noch geringfügig erhöhen; Spitzenwerte sind hier 0,55 μV, bezogen auf 20 dB Rauschabstand bei Mono-Empfang. In der Regel werden daher in den höherwertigen Stereo-Empfängern Automatik-Umschaltungen benutzt, die bei zu hohem Rauschen auf Mono zurückschalten.

Eine gute, d. h. eine richtempfindliche UKW-Empfangsantenne, die leider von recht großer Abmessung ist, kann die durch den Mehrwegempfang (Reflexionen) ausgelösten Störungen unterdrücken oder zumindest mildern, auch wird sie die im Abstand von 100 kHz neben dem Nutzsender liegenden UKW-Sender auszublenden in der Lage sein. Diese ,,Störer" können nämlich u. U. mit den Oberwellen des im Empfänger wiederhergestellten 38-kHz-Hilfsträger Pfeiffstellen erzeugen. In solchen Fällen hilft oft ein Filter, das alle Frequenzen oberhalb von 53 kHz abschneidet.

b) FM-Sender nach dem Pilotton-Verfahren

Bild 37 zeigt die Blockschaltung eines FM-Senders für das Pilottonverfahren mit *Matrix-Modulationseinrichtung*. Die Signale der beiden Mikrofone werden einer Matrixstufe zugeführt, die aus beiden das Summensignal M = L + R und das Differenzsignal S = L − R bildet. Letzteres wird auf einen AM-Modulator mit Trägerunterdrückung, etwa einen Ringmodulator, gegeben.

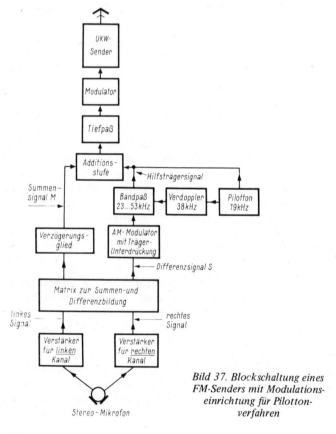

Bild 37. Blockschaltung eines FM-Senders mit Modulationseinrichtung für Pilottonverfahren

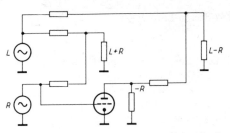

Bild 38. Einfaches Prinzip einer Matrix zum Gewinnen des Summen- und Differenzsignals aus dem linken und rechten Kanal mit Phasenumkehrstufe

Hinzugefügt wird die Hilfsträgerfrequenz von 38 kHz, gewonnen aus einem Pilottonträger-Oszillator von 19 kkHz nach Frequenzverdoppelung. Am Ausgang des AM-Modulators stehen nunmehr die beiden Seitenbänder; sie erreichen über einen Bandpaß (23 kHz bis 53 kHz) die Additionsstufe. Hier werden das aus der Matrix kommende Summensignal M, die Pilottonfrequenz 19 kHz und die erwähnten beiden Seitenbänder des Hilfsträgers vereinigt. In der Leitung zwischen Matrix und Additionsstufe liegt ein Verzögerungsglied von etwa 35 µs zum Ausgleich von Phasendifferenzen zwischen den M- und dem S-Signal. Schließlich führt man das Signalgemisch über einen Tiefpass mit einer Grenzfrequenz von 53 kHz – zum Abschneiden von Oberwellen – dem UKW-Sender zu.

Das Prinzip der Matrix zum Gewinnen der Summen- und Differenzsignale L + R bzw. L – R aus den beiden Generator-(Mikrofon-) Signalen L bzw. R zeigt **Bild 38** in stark vereinfachter Form.

Ein anderes Aufbereitungsverfahren ist das *Abtastprinzip* mit zwei gegenphasig arbeitenden Schaltern; sie legen abwechselnd das rechte und das linke Signal auf die Additionsstufe, und zwar im Takt der Hilfsträgerfrequenz von 38 kHz, die man wie im Matrixverfahren einem 19-kHz-Pilottonoszillator nach Frequenzverdoppelung entnimmt. Bei diesem System entfallen Matrix, Modulationsstufe und Phasenausgleich. In ihrer Wirkung sind beide Verfahren gleichwertig.

c) Der UKW-Stereo-Empfänger

Das Prinzip

Bild 39 zeigt den Aufbau eines UKW-Stereo-Empfängers, der sich im Prinzip von einem monofonen Empfangsgerät durch die Hinzunahme eines Decoders und der stereogerechten Zwei-kanal-Auslegung des Nf-Teils unterscheidet. Es muß darauf geachtet werden, daß der Zf-Teil den erhöhten Anforderungen hinsichtlich Durchlass-Bandbreite, Symmetrie und Stabilität der Durchlaßkurven und ausreichender Bandbreite und Symmetrie des Radiodetektors entspricht. Beispielsweise ist es nötig, daß die Kuppen der S-Kurve der Radiodetektors einen Mindestabstand von 500 kHz haben; bei monofonen Empfangsgeräten sind 300 kHz ausreichend.

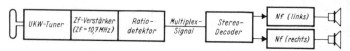

Bild 39. Prinzip eines UKW-Empfängers mit Decoder

An den UKW-Eingangsteil werden keine besonderen Forderungen gestellt, wenn nur die Empfindlichkeit ausreicht. Dagegen muß die AM-Begrenzung hoch sein, um ein gutes Signal/Rauschverhältnis zu sichern.

d) Drei Decodierungssysteme

Die Entschlüsselung des komplexen Stereosignals im Empfänger mit dem Ziel, am Eingang der Niederfrequenzverstärker die L- und R-Signale vorzufinden, geht in zwei Grundstufen vor sich.

1. Der breitbandige Ratiodetektor demoduliert das komplette Signal, bestehend aus dem Summensignal L + R, dem mit L − R modulierten unterdrückten Hilfsträger und dem Pilotton.

2. Der Pilotton muß ausgesiebt, verdoppelt und den beiden Seitenbändern phasenrichtig zugesetzt werden. Letztere sind dann durch AM-Gleichrichter in das Differenzsignal zu verwan-

deln. Ein Widerstandsnetzwerk in Form einer Matrix gewinnt die ursprünglichen L- und R-Signale getrennt zurück.

Als der Stereo-Rundfunk aufkam, standen drei unterschiedliche Decodierungssysteme zur Verfügung, aus denen sich diverse Varianten entwickelten.

a) *Matrix-Decoder* gemäß **Bild 40a.** Er wird charakterisiert durch die Aufteilung des Multiplex-Signals hinter dem Ratio in die drei Zweige Pilotton (19 kHz)/Hilfsträger (38 kHz), Differenz-Signal-Seitenbandgemisch (L − R) und Summensignal (L + R) mit Hilfe von Filtern und Siebeinrichtungen. Das regenerierte AM-Signal liefert nach Demodulation das Nf-Differenzsignal. Mit Hilfe einer Widerstandsmatrix entstehen dann die beiden Nf-Kanalsignale R und L. Bei diesem Verfahren ist der schaltungstechnische Aufwand hoch.

b) *Zeitmultiplex-Decoder* gemäß **Bild 40b.** In einer Diodenbrücke legt die aus Verdoppelung des Pilottons gebildete 38-kHz-Schaltfrequenz das vom Pilotton befreite Multiplexsignal abwechselnd an die Rechts- und Links-Ausgänge, und zwar ohne Einschalten einer Matrix. Den Vorteilen des einfachen Aufbaues, der guten Hilfsträgerunterdrückung und des befriedigenden Rauschverhaltens steht eine gewisse Verschlechterung des Übersprechverhaltens gegenüber, dem mit zusätzlichen Maßnahmen entgegengewirkt werden muß.

c) *Decoder mit Hüllkurvengleichrichter* gemäß **Bild 40c.** Der wiedergewonnene Hilfsträger wird dem Gesamtsignal zugesetzt. Es entsteht ein amplitudenmoduliertes Hilfsträgersignal, das auf der einen Seite die Rechtsinformation enthält. Zur Demodulation dienen zwei entgegengesetzt gepolte Dioden mit Spitzengleichrichtung. In der Praxis besticht das Verfahren wegen seiner schaltungsmäßigen Einfachheit; es ist jedoch rauschmäßig bei kleinen Hf-Eingangsspannungen weniger günstig und verlangt eine gute Hf-Siebung.

Eine Grundforderung an den Stereodecoder ist geringes Übersprechen zwischen dem Links- und dem Rechtskanal. **Bild 40d** zeigt die Werte eines guten transistorisierten Decoders, die bis etwa 2000 kHz um 40 dB liegen und dann bis 15 kHz auf einen

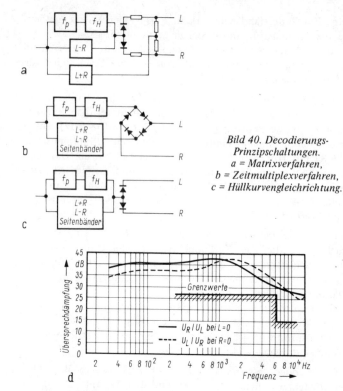

Bild 40. Decodierungs-
Prinzipschaltungen.
a = Matrixverfahren,
b = Zeitmultiplexverfahren,
c = Hüllkurvengleichrichtung.

Bild 40 d. Übersprechdämpfung eines Stereo-Decoders als Funktion der Frequenz. Eingetragene Grenzwerte nach DIN 45 500, Blatt 2, für das komplette Gerät.

Wert von annähernd 25 dB fallen, im Vergleich zu den in DIN 45 500 festgelegten Grenzwerten.

e) Industriell entwickelte Stereodecoder

Neben der bereits erwähnten systembedingten Rauscherhöhung bei Stereoempfang um $\approx$ 21 dB können bei der Aufnahme von Stereo-Rundfunkprogrammen auf Tonband Pfeif-störungen auftreten, ausgelöst von Interferenzen zwischen Pilotton und Hilfsträger und deren Oberwellen auf der einen Seite und von der Vormagnetisierungsfrequenz des Tonbandgerätes auf der anderen. Um diese beiden Erscheinungen im Rahmen des Möglichen zu beheben und zugleich eine automatische Umschaltung des Empfängers von Mono auf Stereo und umgekehrt je nach Programmart vorzunehmen, sind im Laufe der Zeit technisch interessante Decoder entwickelt worden, deren aufwendige Schaltungen im Zeitalter der Halbleiter und insbesondere der integrierten Schaltungen auch finanziell gemeistert werden können. Saba hatte schon vor einiger Zeit einen Decoder vorgestellt, bei dem ein zweistufiger Vorverstärker mit den Transistoren 2 N 2613 und BC 107 A zwischen Ratio und Decoder das Multiplexsignal zwischen 40 Hz und 53 kHz phasenlinear und frequenzgerade verstärkt und auf diese Weise das geringe Ausgangssignal des Ratiodetektors auf einen Wert anhebt, der einwandfreie Decodierung sicherstellt. Mit dem Schwellwertverstärker läßt sich eine „Schwelle" der Signalspannung bestimmen, bei deren Überschreitung der Decoder anspricht, d. h. man kann von außen einen Wert zwischen 80 μV und 20 mV einstellen, der den örtlichen Verhältnissen anzupassen ist. Schließlich fehlt auch nicht der übliche Anzeigeverstärker zum Einschalten einer Signallampe, sobald der Decoder in Tätigkeit ist; sie meldet „Stereosender!" Diese Einrichtung spricht bekanntlich auf das Vorhandensein des Pilottons an. Wird dieser aber – wie beispielsweise im II. Hörfunkprogramm des Norddeutschen Rundfunks – ständig ausgestrahlt, selbst wenn keine Stereoprogramme übertragen werden, so verliert diese Anzeige etwas an Wert.

Blaupunkt entwickelte in der letzten Zeit mehrere neue Stereodecoder. Einer davon arbeitet nach dem Matrixverfahren, jedoch mit Verdoppelung der Schaltfrequenz und Deemphasis der Seitenbandfrequenzen des Differenzsignals vor der Decodierung. Auf diese Weise wird ein Nachteil des Matrix-Decoders vermieden: Rauschfrequenzen oberhalb des Hörbereichs und Interferenzen zwischen zwei benachbarten Sendern, die bei Monoempfang unhörbar sind, werden in den Hörbereich transpo-

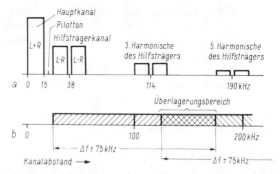

Bild 41. Bei einem Senderabstand von 100 kHz (ungünstiger Fall) können Interferenzen durch Überlappungen der Seitenspektren entstehen, die in die empfindlichen Bereiche eines Schalter-Decoders fallen. Besonders anfällig sind beim Schalter-Decoder die in a) dargestellten Bereiche um 114 und 190 kHz. Das Senderraster mit den Überlappungsbereichen zeigt b).

niert; dagegen helfen auch die 114-kHz-Sperren nur bedingt (**Bild 41**). **Bild 42** zeigt das Gesamtschaltbild. Das Multiplexsignal gelangt über den rechts unten erkennbaren Kontakt G auf die Basis des Transistors T 1. Nach dieser ersten Stufe werden die drei Komponenten des Multiplexsignals getrennt. Der in T 1 verstärkte 19-kHz-Pilotton wird von den Dioden D 1/D 2 frequenzverdoppelt; die 38-kHz-Frequenz wird in Transistor T 4 verstärkt und steuert die Dioden D 4 ... D 7 des Ringmodulators, der mit 2 x 38 kHz = 76 kHz Schaltfolge arbeitet. L + R (30 ... 15 000 Hz) und L – R (23 ... 53 kHz) werden am Emitter von T 1 ausgekoppelt. Das Summensignal – es verliert den 19-kHz-Anteil durch das RC-Glied R 919/R 925/C 923 – erreicht die Ausgangsmatrix.

Das Differenzsignal L – R wird in Transistor T 2 verstärkt, an dessen Kollektor der als Filter wirksame Kreis für L – R

Bild 42. Schaltung des Stereo-Decoders mit Schaltfrequenzverdopplung. Bemerkenswert ist die Ankopplung der Differenzanteile aus dem Sekundärkreis der Spule L 913 zum Ringdemodulator. Sie bietet den Vorteil einer besonders störfrequenzarmen Ausgangsspannung (rechte Seite).

62

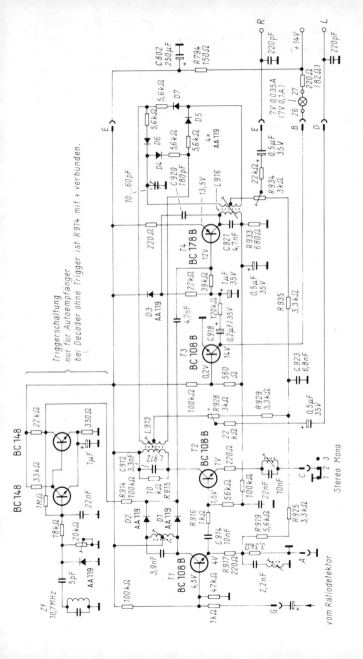

liegt. Die Deemphasis für die Differenzanteile von 23 . . . 53 kHz wird durch Absenken der Flanken des breitbandigen Kreises L 912/ C 912 vorgenommen. Dieser hat eine Bandbreite von 6,4 kHz mit einem vorsätzlich ungleichen Verlauf beider Flanken. Der resultierende Amplituden- und Phasenverlauf entspricht dem im Summenzweig am RC-Glied.

Sie Signale L und R werden durch Bildung von Summe und Differenz nach der bekannten Gleichung im Decoder erzeugt:

$$(L + R) + (L - R) = 2 L$$
$$(L + R) - (L - R) = 2 R$$

Wenn man den Stereodecoder erst bei einer für völlig rauschfreien Empfang ausreichenden Antennenspannung einschalten will, genügt es in der Regel nicht mehr, nur den 19-kHz-Pilotton als auslösendes Moment heranzuziehen, vor allem nicht bei sehr hochwertigen Empfängern, bei denen eine Amplitudenbegrenzung frühzeitig eintritt, so daß sich von wenigen Mikrovolt Eingangsspannung an die Nf-Ausgangsspannung nicht mehr ändert. Hier hat es sich als zweckmäßig erwiesen, eine zweite Komponente, die der tatsächlichen Größe der Antennenspannung entspricht, als Kriterium heranzuziehen. Man entnimmt der Zwischenfrequenz vor der Begrenzung eine Schaltspannung, die nach der Gleichrichtung einen aus zwei Transistoren bestehenden Trigger anregt. Dieser schaltet den Decoder auf *Ein*, aber dieser beginnt erst dann zu arbeiten, wenn auch gleichzeitig der 19-kHz-Pilotton vorhanden ist. Eine solche Einrichtung ist vor allem für Stereo-Autosuper wichtig, bei denen sich die Empfangsbedingungen häufig und grundlegend ändern.

f) Decoder mit integrierten Schaltungen

Im Zeitmultiplex-Decoder legt, wie bereits erläutert, die aus dem Pilotton gewonnene 38-kHz-Schaltspannung das vom Pilotton befreite Multiplex-Signal abwechselnd an die Rechts- und Links-Ausgänge, so daß die L- und R-Signale ohne weitere Matrix unmittelbar entstehen. Das aber ist ein Vorgang mit digitalem Charakter, der sich durchaus mit einer monolitisch integrierten digitalen Schaltung darstellen läßt. Motorola hatte

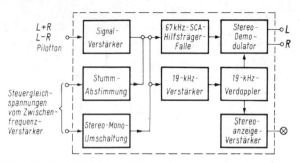

Bild 43. Blockschaltbild des Multiplex-Stereo-Decoders MC 1304 von Motorola

schon vor einiger Zeit einen Versuchsaufbau dieser Art veröffentlicht, der mit wenigen extern anzuschaltenden Bauelementen auskommt. **Bild 43** zeigt die Blockschaltung. Vor dem Stereodemodulator liegt eine Falle für den in den USA benutzten 67-kHz-SCA-Träger (vgl. Seite 53/54). Die monolithisch integrierte Schaltung vereinigt 27 Widerstände, zehn Diodenstrecken und 29 Transistoren. **Bild 44** gibt den Gesamtaufbau mit der in einer Kapsel vom Typ TO 116 lieferbaren IS Typ MC 1304 wieder; der Decoder verarbeitet zugleich die Steuerspannungen für die Stummabstimmung und für die Mono/Stereo-Umschaltung und liefert die Spannung für die Stereo-Anzeige mittels Signallampe. Die Meßwerte sind durchaus brauchbar; beispielsweise werden die Grenzwerte für die Übersprechdämpfung gemäß DIN 45 500 mehr als nur eingehalten (bei 1000 Hz werden 42 dB gemessen). Auch Blaupunkt hat labormäßig einen Stereodecoder entwickelt, bei dem das Stereosignal mit Hilfe von NAND-Gattern der DTL-Serie teilweise digital aufbereitet wird. Der Decoder enthält vier IS und nur noch einen Schwingkreis.

Selbstverständlich hat die moderne Fertigungstechnik sich auch des Decoders angenommen. Grundig entwickelte den Automatik-Decoder, Modell 10, bei dem in drei Dickfilm-Moduln sechs Transistoren und sechs Diodenstrecken zusammengefaßt sind, dazu die nötigen Kondensatoren und Widerstände. Extern

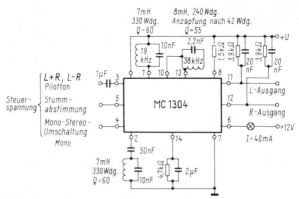

Bild 44. Die geringe Anzahl von externen Bauelementen veranschaulicht den fertigungs- und servicemäßigen Vorteil integrierter Schaltungen besonders in komplexeren Baugruppen wie der eines Stereo-Decoders

anzuschalten sind nur noch die Schwingkreise, die Trimm- und die Einstellpotentiometer **(Bild 45)**.

Wer sich umfassend über Stereo-Decoder informieren will, findet erschöpfende Angaben im Doppelband 143/144 der Radio-Praktiker—Bücherei „Stereo- Decoder, Funktion und Schaltungstechnik".

Bild 45. Beim Stereo-Automatic-Decoder 10 von Grundig besorgen in drei seperaten Dickfilm-Moduln sechs Transistorsysteme und ebensoviele Diodenstrecken nebst zugehörigen Widerständen und Kondensatoren die Aufbereitung des Stereo-Signals und die Mono/Stereo-Umschaltung

6 Die Stereofonie in der Praxis

Wahrscheinlich gibt es nicht allzu viele angehende Stereo-Freunde, die sich einfach im nächsten Fachgeschäft eine vollständige moderne Stereo-Anlage kaufen. Die meisten werden schrittweise vorgehen und sich überlegen, was zuerst beschafft werden muß und ob nicht Teile der vorhandenen Anlage weiter benutzt werden können. Mancher hat auch schon von Anlagen-Bausteinen gehört, und auch wenn er nicht zur Zunft der am Selbstbau interessierten Praktiker gehört, möchte er zunächst einmal einen Überblick erhalten.

In Hersteller-Prospekten und Schaufenstern findet man vieles, was sich anscheinend gar nicht so einfach mit unseren herkömmlichen Anschauungen über gute Tonwiedergabe vereinbaren läßt. Da gibt es beispielsweise handliche Phono- und Kassettengeräte, deren Endstufen nur bescheidene 2 W je Kanal leisten, und die eingebauten Lautsprechersysteme erinnern mit ihren Membrandurchmessern von 10 cm an die mittlerer Reiseempfänger. In den Schaufenstern sieht man Stereo-Tischgeräte für Rundfunkempfang die manchmal nur 5 cm „flach" sind und zu denen winzige Lautsprecherboxen gehören, die getrennt aufzustellen sind, denen man aber ihrer Kleinheit wegen zunächst keine überragende Wiedergabegüte zutraut. Daneben werden Anlagen zwischen 1500 DM und 45 000 DM (in Worten: fünfundvierzigtausend) angeboten. Kein Wunder wenn sich der kritische Betrachter fragt, ob die preisgünstigen Geräte überhaupt noch etwas mit Hi-Fi zu tun haben.

Hier mag eine Begriffsbestimmung am Platz sein. „Stereo" und „Hi-Fi" haben – wenigstens zunächst – nichts miteinander zu tun. Der zuerst genannte Ausdruck bezeichnet ein ganz bestimmtes Wiedergabeverfahren, während Hi-Fi ein nach DIN 45 500 festgelegtes Mindest-Qualitätsmaß nennt. Ordentliche Stereowiedergabe ist sowohl mit zwei ganz bescheidenen Verstärkern und Lautsprechern, als auch mit zwei Hi-Fi-Geräten und umfangreichen Lautsprechergruppen möglich. Im zweiten Fall ist zwar die Klanggüte besser, aber der Stereo-Effekt ist genauso vorhanden, wenn man einfache und billige Geräte benutzt. Man hat also auch bei der Stereofonie die Wahl zwischen verschiedenen Güte- und Preisklassen, und es ist letztlich eine Frage des Geldbeutels, wofür man sich entscheidet.

In diesem Zusammenhang sei von einem Effekt berichtet, über den – vielleicht aus kommerziellen Gründen – bisher wenig geschrieben wurde, den aber jeder Praktiker leicht experimentell nachprüfen kann: Bei Stereo-Wiedergabe ist unser Ohr deutlich anspruchsloser als bei Mono-Wiedergabe. Das betrifft sowohl den Klirrfaktor einer Übertragung als auch ihren Frequenzbereich. Verschlechtert man für diesen Test absichtlich die Übertragungseigenschaften beider Kanäle so weit, daß es bei Monauralwiedergabe bereits zu bemerken ist, dann muß man beim anschließenden Umschalten auf Stereofonie sehr aufmerksam hinhören, um diese Mängel noch festzustellen. Unwillkürlich regt diese Beobachtung zu einem Vergleich mit der Optik an: Uhrmacher schließen häufig bei der Arbeit ein Auge, weil dann winzige Unebenheiten deutlicher in Erscheinung treten als beim normalen Sehen. Genauso ist es beim Hörvorgang. Überträgt man einkanalig, dann treten ,,Unebenheiten" im Ton sehr deutlich hervor und ihre Beseitigung macht unter Umständen einen beträchtlichen technischen Aufwand nötig. Beim ,,richtigen" also beim stereofonen, Hören sind wir dagegen anspruchsloser.

Diese Erkenntnis soll nun aber auf keinen Fall zu der voreiligen Schlußfolgerung verführen, daß für Stereo das Schlechteste gerade gut genug wäre. Sie soll nur dazu dienen, die Anforderungen an die künftige Anlage auf ein vernünftiges Maß zu beschränken. Wenn es dennoch Interessenten gibt, die auch bei Stereo nur nach dem Besten greifen, so führen sie dafür ein ebenfalls sehr vernünftiges Argument ins Feld: Einen Teil aller Programme liefert noch auf längere Zeit der monaurale Rundfunk, und viele Musikfreunde besitzen in ihrer Plattensammlung noch wertvolle historische Mono-Aufnahmen. Schon deswegen soll jeder, der es sich leisten kann, Hi-Fi-Qualität anstreben. Beim Umschalten auf eine monaurale Übertragung zeigt auch eine

Stereo-Anlage etwaige Mängel genauso deutlich wie ein normaler Einkanal-Verstärker. Was dem Verfasser aber am wichtigsten erscheint: Das Stereo-Verfahren ist wohl der entscheidendste Schritt zur naturgetreuen Wiedergabe. Wer diesen Schritt geht, sollte nicht an der falschen Stelle sparen.

a) Die Anlagen-,,Bausteine''

Noch vor wenigen Jahren hielt man die große Stereo-Musiktruhe mit eingebautem Plattenspieler, Verstärker, Empfänger und Lautsprecher für das erstrebenswerte Ideal zur Stereowiedergabe. Wie der Markt zeigt, ist die Entwicklung eine andere Richtung gegangen: Die Hersteller bieten fast ausnahmslos sogenannte Anlagen-Bausteine an, die der Stereo-Freund nach eigenem Geschmack kombinieren kann und die meistens in Flachbauweise gehalten sind, so daß man sie bequem in Regalen und Bücherschränken unterbringen kann. Eine vollständige Anlage kann z. B. aus nachgenannten Bausteinen bestehen: Plattenspieler (oder -wechsler), Kassettenspieler, Tonbandgerät, Rundfunk-Empfangsteil, Verstärker, Lautsprecherboxen.

Es gibt aber auch andere Gliederungsmöglichkeiten, nämlich durch Zusammenbau mehrerer Bausteine in ein gemeinsames Gehäuse, z. B. Empfangsteil und Verstärker oder Empfangsteil mit Verstärker und Plattenspieler. Hier gibt es immer wieder Begriffsverwirrungen, weil sich die Hersteller noch nicht auf eine einheitliche Bezeichnungsart festlegen konnten. Deshalb sei eine kurze Erläuterung gestattet.

Einen *Empfangsteil* ohne Nf-Verstärker, also ein Gerät, das genauso wie ein Plattenspieler vor den Verstärker zu schalten ist, bezeichnet man nach US-Gepflogenheit auch als *Tuner* (= Abstimmer), obwohl dieser Name eigentlich nur für den Eingangs- und Mischteil (ohne Zf-Verstärker, Demodulator und Decoder) gilt.

Baut man den Empfangsteil mit dem Nf-Verstärker zusammen, dann hat man schlicht und einfach einen *Empfänger* vor sich, aber trotzdem tauften die Werbefachleute eine solche Kombination *Steuergerät*, oder wenn sie es ganz vornehm ausdrücken wollen, sprechen sie vom *Verstärker mit integriertem Tuner* bzw. vom *Tuner-Verstärker,* vom *Tuner mit integriertem Verstärker* oder vom *Receiver.*

Neuerdings ist ein Kombinations-Prinzip im Kommen, das bei den Sendegesellschaften schon seit vielen Jahren üblich ist, nämlich der Zusammenbau des Lautsprechers mit dem zugehörigen Leistungsverstärker. Hauptvorteil: Die Entzerrung der Endstufe ist für den verwendeten Lautsprecher „maßgeschneidert", und zwar so, daß der gelieferte Schalldruck der Endverstärker-Eingangsspannung proportional ist. Für diese Baustein-Kombination hat sich noch kein einheitlicher Begriff eingebürgert. Gelegentlich spricht man von *Kraftsprechern* oder *Leistungsstrahlern,* aber besonders glücklich gewählt sind diese Bezeichnungen nicht. Für das Vorschaltgerät, das z. B. aus Empfangsteil mit Nf-Vorstufe nebst Klangeinsteller besteht und in das man vielleicht auch noch den Plattenspieler einbaut, gibt es überhaupt keine Bezeichnung. Nach Meinung des Verfassers wäre hier der Ausdruck *Steuergerät* am richtigen Platz.

Dem Baustein *Lautsprecher* sei hier besondere Aufmerksamkeit geschenkt. Ältere Praktiker wissen noch gut, daß die so wichtige Tiefenwiedergabe früher nur befriedigend möglich war, wenn man sehr voluminöse Gehäuse benutzte. Deshalb war damals wirklich klangvolle Wiedergabe auch nur mit großen Musikschränken möglich. Wenn man in der modernen Kleinwohnung schon einen Großgehäuse-Lautsprecher kaum unterbringen kann, was sagt dann die geplagte Hausfrau, wenn man ihr für Stereowiedergabe noch ein zweites solches Ungetüm ins Wohnzimmer stellt? Sicher hatte jener Marketing-Fachmann nicht ganz unrecht, der das anfangs recht zögernde Ausbreiten der Stereofonie auf die Hausfrauen zurückführte und sie etwas überspitzt als „Stereobremsen" bezeichnete. Wenn wir die zitierte Behauptung als richtig unterstellen, müssen wir heute unseren Frauen dankbar sein, denn dann hat ihr Protest wesentlich zur Entwicklung der modernen geschlossenen Box beigetragen, die ihrer relativen Kleinheit wegen nicht nur leicht unterzubringen ist, sondern die die Lautsprecherwiedergabe auch schlagartig verbessert hat.

Auf die technischen und akustischen Zusammenhänge sei hier nicht näher eingegangen, denn das findet der Interessierte ganz ausführlich in Band 105/105b der Radio-Praktiker-Bücherei, H.H. Klinger: Lautsprecher und Lautsprechergehäuse für Hi Fi. Aber soviel sei doch gesagt: Man klassifiziert moderne geschlossene Boxen nach ihrem Volumen (z. B. 5 Liter bis über 120 Liter) und nach ihrer Belastbarkeit. Im allgemeinen nimmt die Belastbarkeit mit dem Volumen zu, und auch die Tiefenwiedergabe sowie der Gesamtwirkungsgrad werden besser. Man kann also häufig durch Austausch der bisherigen kleinen Boxen gegen größere eine Stereoanlage verbessern. Trotzdem: Der Verfasser kennt 12-Liter-Boxen, die fast im Bücherregal verschwinden, die aber so mächtige, saubere Orgelbässe abstrahlen, wie man es früher von großen Abhörschränken im Format eines Kleiderschrankes nicht kannte. In diesem Zusammenhang sei auf eine grundsätzliche Besonderheit dieser Lautsprecher hingewiesen: Das völlig geschlossene Gehäuse und das darin enthaltene Dämpfungsmaterial (z. B. Steinwolle) vermindern den Wirkungsgrad ganz erheblich. Das ist der Grund, warum man in den Verstärkerendstufen bisher ungewohnt hohe Sprechleistungen braucht. Für das Heim sind heute 2 x 15 W gar nichts Besonderes.

b) Am Anfang steht der Plattenspieler

Die bequemste stereofone Programmquelle — sie steht jederzeit zur Verfügung — ist der Plattenspieler. Schon seit einigen Jahren sind praktisch sämtliche Typen von Plattenspielern für Stereo eingerichtet, und nur ganz wenige enthalten, noch eine Monokapsel. Für diese Modelle gibt es Stereokapseln, die sich mit einem Handgriff nachträglich einsetzen lassen. Gewöhnlich muß dann nur noch die Anschlußschnur ausgewechselt oder ihr Stecker umgelötet werden. Eine Stereoschnur enthält zwei getrennt abgeschirmte Adern, eine für den rechten, die andere für den linken Kanal. Der Schirm bildet die gemeinsame Masseleitung, und meist ist die Ader für den rechten Kanal rot markiert.

Die Steckerbeschaltung – darauf kommen wir noch ausführlicher in Abschnitt 8a zurück – verursacht immer noch einiges Durcheinander, weil man vor einiger Zeit die Norm änderte. Wer sich eine neue Anlage einrichtet, sollte die neueste Vereinbarung wählen und fünfpolige Stecker benutzen, bei denen Masse an 2, Rechtskanal an 5 und Linkskanal an 3 liegen. Weil es aber auch noch Geräte mit dreipoliger Eingangsbuchse nach alter Norm gibt, merke man sich, daß dort rechts an 1, Masse an 2 und links an 3 anzuschließen sind. Selbstbauverstärker sind gelegentlich sogar noch mit gewöhnlichen 4-mm-Buchsen ausgerüstet. Dort bewähren sich farbige Bananenstecker an der Tonabnehmerschnur wobei der *R*echtsanschluß *r*ot gehalten ist.

In diesem Zusammenhang mag es manchen interessieren, inwieweit ein Umbau älterer Mono-Phonogeräte (Baujahr vor 1954) möglich ist. Zwar kommt es im Prinzip nur darauf an, die alte Kapsel gegen eine Stereo-Ausführung auszutauschen, aber man muß sich erst davon überzeugen, ob der Tonarm durch Nachstellen der Entlastungsvorrichtung so einjustiert werden kann, daß die Nadel mit höchstens 4 Gramm aufliegt und daß dabei noch eine sichere Nadelführung erfolgt. Bei einigen Modellen trifft das zu, aber „wenn schon – denn schon", man sollte sich dennoch bei dieser Gelegenheit einen modernen Stereo-Spieler leisten, zumal er mit noch geringerem Auflagedruck auskommt und mit Sicherheit die wertvollen Platten schonender behandelt.

Auch für Stereowiedergabe hat man die Wahl zwischen zwei verschiedenen Abtaster-Systemarten, nämlich zwischen den preiswerten Kristall- und den manchmal recht kostspieligen magnetischen bzw. dynamischen Modellen. Kristallsysteme geben Tonspannungen bis zu 500 mV je Kanal ab, sie benötigen keinen Vorverstärker und kommen sogar ohne Abspielentzerrer aus, weil ihre Kennlinie spiegelbildlich zur Schallplatten-Aufnahmekennlinie verläuft. Was es damit auf sich hat, wird ausführlich in *Moderne Schallplattentechnik,* Band 63/65a der Radio-Praktiker-Bücherei, beschrieben. Für den Hausgebrauch genügt es zu wissen, daß ein Kristalltonabnehmer an einem Abschlußwiderstand von etwa 1 MΩ frequenzlineare Wiedergabe liefert.

Magnetische und dynamische Systeme, denen höchstmögliche Wiedergabetreue nachgesagt wird, liefern nur wenige Millivolt Tonspannung, und zwar proportional zur Aufnahmekennlinie. Bei ihnen erscheinen also die Bässe zu leise und die Höhen zu stark. Deshalb muß man sie in Verbindung mit einem Entzerrerverstärker betreiben, der die erforderliche Vorverstärkung sichert und gleichzeitig die Frequenzkurve begradigt. In manchen Industrieverstärkern ist die erforderliche Entzerrerstufe für magnetische oder dynamische Systeme fest eingebaut. Es gibt dort häufig sogar zwei verschiedene Tonabnehmereingänge, einen für die soeben erwähnten Systeme und einen weiteren für Kristallsysteme, der den Entzerrerverstärker umgeht. Besitzt man ein solches Gerät und will man einen Plattenspieler mit Magnetsystem anschließen, dann braucht man nur die entsprechende Eingangsbuchse zu benutzen und sich um weiter nichts zu kümmern.

Anders ist es, wenn der vorhandene Verstärker keine Entzerrervorstufe enthält. Dann muß man einen getrennten Zusatz zwischen Tonabnehmer und Verstärkereingang schalten. Nach außen tritt ein solches Gerät aber gar nicht in Erscheinung, denn moderne Ausführungen sind mit Transistoren bestückt, in gedruckter Schaltungstechnik ausgeführt und deshalb so klein, daß

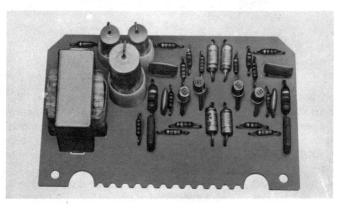

Bild 46. Transistor-Entzerrer Elac PV 9 in Steckkarten-Technik

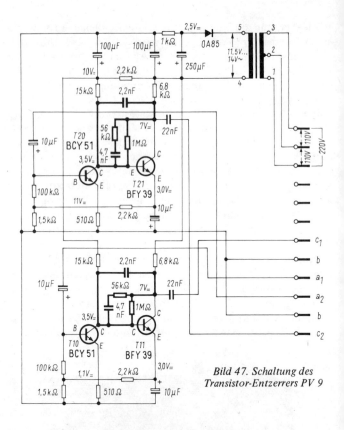

Bild 47. Schaltung des
Transistor-Entzerrers PV 9

sie unmittelbar im Plattenspieler Platz finden können. Als Beispiel mag hierfür der Transistor-Entzerrer Elac PV 9 (**Bild 46**)
dienen. Er ist als Steckkarte ausgeführt, die unterhalb der Platine in den Plattenspieler eingesteckt wird, sofern dieser an Stelle
eines Kristallsystems ein magnetisches oder dynamisches enthält
oder nachträglich damit ausgerüstet wird.

Bei Kristallsystemen überbrückt eine Kurzschlußleiste die für
Vorverstärker-Ein- und Ausgang bestimmten Kontakte. Wie **Bild
47** zeigt, enthält die Steckkarte einen eigenen Netzteil, und die

stark gezeichneten Gegenkopplungs-RC-Netzwerke sorgen für das Anheben der absichtlich auf Platten schwächer aufgezeichneten Tiefen. In den Mittellagen, z. B. bei 1000 Hz, beträgt die Vorverstärkung rund 37 dB, weshalb am Ausgang eine Tonspannung von etwa 1 V an 100 kΩ zur Verfügung steht.

Der Verstärker wird zusammen mit dem Laufwerk ein- und ausgeschaltet; er erfordert keinerlei zusätzliche Bedienung. Der Vollständigkeit halber sei erwähnt, daß der Eingang an den Federn a 1-b-a 2 und der Ausgang an c 1-b-c 2 der Steckleiste liegen. Manche Hersteller verzichten auf den Netztransformator und bringen dafür auf dem Laufwerk-Motor eine zusätzliche 12-V-Wicklung an.

Weil der zugehörige magnetische Stereokopf nur eine Mikrorillennadel besitzt − das ist bei hochwertigen Magnetsystemen so üblich − , muß beim Abspielen historischer Normalrillen-Platten mit 78 U/min ein Normalrillenkopf aufgesteckt werden. Dann ist es erforderlich, im Verstärker durch Betätigen der Monotaste beide Kanäle parallel zu schalten. Diesen Handgriff kann man sich ersparen, wenn man wie bei dem Gerät des Verfassers die Kopfanschlüsse nach **Bild 48** umlötet weil sich dann zusammen mit einem weiteren Schaltkniff eine Art von automatischer Umschaltung ergibt, wenn Mono- und Stereoplatten durcheinander abgespielt werden und wenn man auch noch abwechselnd Mono- oder Stereo-Verstärker benutzt.

Bild 48. Abgeänderte Schaltung im Tonabnehmerkopf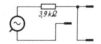

Wie schon auf Seite 68 gesagt wurde, kann man mit Stereo-Anlagen Mono- und Stereo-Aufnahmen wiedergeben, und zwar notfalls sogar ohne jede Umschaltung. Klanglich empfehlenswert ist es jedoch, die beiden Tonabnehmeradern zusammenzuschalten. Das ergibt eine zusätzliche Kompensation des restlichen Plattenrumpelns. Ein Stereo-Plattenspieler läßt sich auch wahlweise an Stereo- oder Monoverstärker anschließen, wobei aber Umschaltungen nötig sind. Für den Besitzer eines Stereo-Spielers

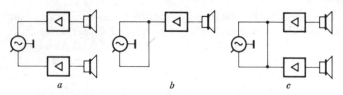

Bild 49. Die möglichen Betriebsarten eines Stereo-Plattenspielers

ergeben sich demnach folgende fünf in **Bild 49** dargestellte
Betriebsarten:

Betriebsart Nr.	Plattenart	Anlagenart	vgl. Bild 48
1	Stereo	Stereo	a
2	Mono	Stereo	a
3	Mono	Stereo	c
4	Stereo	Mono	b
5	Mono	Mono	b

Die Schaltung nach Bild 49c ergibt sich bei vielen Industrie-
geräten durch einen Druck auf die Mono-Taste. An einem magnetischen Plattenspieler des Verfassers wurden zur Bedienungs-
erleichterung zwei Steckvorrichtungen angebracht, von denen
die eine **(Bild 50)** für Einkanal-Verstärker und die andere für
Stereo-Verstärker bestimmt ist. Der Stereo-Ausgang führt zu der
üblichen Norm-Steckdose. Wird am Monoausgang ein Verstärker
angeschlossen, so legt die Schaltbuchse automatisch die beiden
Tonabnehmerkanäle parallel. Tauscht man den Mikrorillen-Kopf
gegen den nach Bild 48 umgelöteten Normalrillenkopf aus (ältere 78er-Mono-Platten), so erfolgt auch hier ein Parallelschalten,
und zwar auch dann, wenn eine Stereoanlage nachgeschaltet ist.
Der nachträglich eingelötete 3,9-kΩ-Widerstand bewirkt eine
Pegelanpassung.

Im ersten Moment mag es etwas unbequem erscheinen, daß
man in Zukunft beim Abspielen von Schallplatten doch etwas

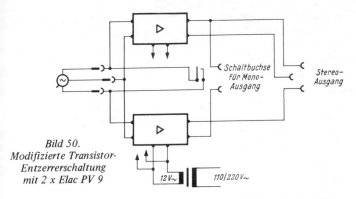

Bild 50.
Modifizierte Transistor-
Entzerrerschaltung
mit 2 x Elac PV 9

überlegen muß, wie der Plattenspieler anzuschließen ist. **In Wirk-**
lichkeit liegen jedoch die Verhältnisse wesentlich **übersichtli-**
cher, weil wohl in den weitaus meisten Fällen **immer mit der**
gleichen Wiedergabeanlage gearbeitet wird. **Man kann sich dann**
in der Regel auf das Bedienen der Mono-Stereo-Taste **(Schalter)**
beschränken. Außerdem sind viele der weit verbreiteten **Kristall-**
tonabnehmer mit zwei Saphiren ausgestattet, so **daß an die**
Stelle des Kopfwechsels die einfache Saphirumschaltung tritt,
die wir seit langem gewöhnt sind. Es hat sich übrigens gezeigt,
daß man gut erhaltene Schellack-Platten ohne Bedenken auch
mit dem Mikrorillensaphir abtasten kann. Das ist eine weitere
Bedienungsvereinfachung. Der ausgesprochene Schallplatten-
sammler, der wertvolle, historische 78er-Aufnahmen besitzt,
wird sicherlich in keinem Fall die Mühe scheuen, zur Abtastung
einen Saphir zu benutzen, dessen Kuppe genau an das alte
Rillenprofil angepaßt ist.

c) Kopfhörer-Stereofonie — als billiges Vergnügen oder als Hochgenuß

Bevor der Verfasser zum Thema kommt, möchte er ein Wort
zur Schaltungstechnik sagen. Wer oberflächlich urteilt, neigt
dazu, Röhrenschaltungen grundsätzlich als völlig überholt anzu-

sehen. Das ist nicht richtig, wenn man ganz nüchtern denkt und auch Zweckmäßigkeits-Gesichtspunkte berücksichtigt. Zwar lassen sich heute praktisch alle Nf-Schaltungen mit Halbleitern verwirklichen, aber es gibt immer noch Fälle, in denen eine gleichwertige Röhrenschaltung viel einfacher aufzubauen ist und sehr viel weniger kostet. Das gilt besonders für Versuchsanordnungen, die nicht das „ewige Leben" haben sollen und die man gern aus Restbeständen der Vorratskiste aufbaut. Viele Leserzuschriften haben bewiesen, daß man es als Praktiker sehr begrüßt, wenn solches Altmaterial noch gelegentlich einer vernünftigen Verwendung zugeführt wird und wenn hin und wieder doch noch eine Röhrenschaltung für den Praktiker erscheint. Aber nun zum Thema:

Merkwürdigerweise erinnern sich nur wenige Praktiker daran, daß es ein verstärkungsmäßig sehr anspruchloses und in mancher Beziehung unübertroffenes Wiedergabemittel gibt, nämlich den *guten alten Kopfhörer*. Gewiß läßt der Frequenzumfang eines einfachen magnetischen Typs manche Wünsche offen, aber es gibt keine noch so teure Lautsprecheranordnung, die eine ähnlich saubere Kanaltrennung sichert. Wer noch einen betriebsfähigen Doppelhörer 2 x 2000 Ω besitzt und auch schon über einen Stereo-Plattenspieler verfügt, kann mit wenig zusätzlichem Aufwand die ersten Stereo-Hörversuche anstellen.

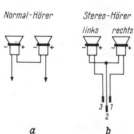

Bild 51. Schaltung eines Normal- und eines Stereo-Kopfhörers

Der vorhandene Hörer ist nach **Bild 51a** geschaltet, seine beiden Hörmuscheln liegen in Reihe. Für Stereo-Wiedergabe muß man sie nach **Bild 51b** umschalten, also eine dritte Kabelader einziehen und die eine Muschel umpolen (wegen der richti-

78

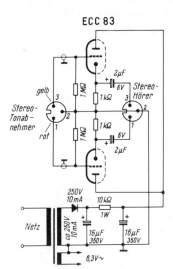

ECC 83

Bild 52. Schaltung eines
Röhren-Impedanzwandlers
für Kopfhörerwiedergabe
(alte Steckernorm)

gen Phasenlage der Membranschwingungen). Nachdem man noch die früheren Bananenstecker durch einen modernen Normstecker ersetzt und die mit Stift 1 verbundene Muschel als die rechte gekennzeichnet hat (damit man sie nicht versehentlich auf das linke Ohr setzt), ist manchmal schon die Hauptarbeit getan. Wenn man nämlich einen magnetischen Plattenspieler mit eingebautem Vorverstärker besitzt, braucht man nur noch den Hörer an den Plattenspieler-Ausgang anzustecken. Ein solcher Plattenspieler liefert 0,5 ... 1 V Tonfrequenz-Spannung und vermittelt dadurch eine völlig ausreichende Kopfhörer-Lautstärke.

Leider erlebt man Schiffbruch, wenn man den gleichen Hörer an einen Plattenspieler mit Kristallsystem anschließt. Dieses gibt zwar ungefähr die gleiche Tonspannung ab, aber weil sein Innenwiderstand kapazitiv und noch dazu sehr hochohmig ist, bricht die Modulation am Innenwiderstand des Kopfhörers zusammen, und man hört nichts. Man muß sich erst einen einfachen Impedanzwandler nach **Bild 52** zusammenschalten, der die beiden Innenwiderstände aneinander anpaßt und den man meist mit

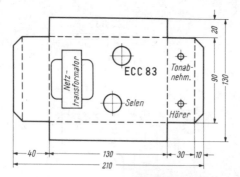

Bild 53. Maßzeichnung
des Chassis für den
Röhren-
Impedanzwandler

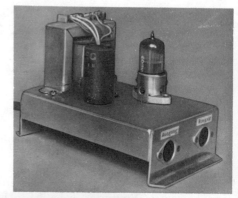

Bild 54.
Der selbstgebaute
Röhren-Impedanz-
wandler für
Kopfhörer-
Stereofonie

Bild 55.
Unteransicht des
Impedanzwandlers

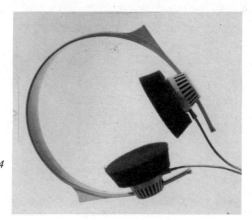

Bild 56.
Dynamischer
Kopfhörer HD 414
von Sennheiser
electronic

Hilfe vorhandener Teile aufbauen kann. Praktische Konstruktionsvorschläge enthalten die **Bilder 53** bis **55**.

Wer mit diesen einfachen Hilfsmitteln die erste Stereo-Platte abhört, wird von der Brillanz und Durchsichtigkeit sowie von der Möglichkeit, die Position der einzelnen Instrumente zu bestimmen, sehr beeindruckt sein. Wahrscheinlich stört es ihn kaum, daß sich sein ganzes imaginäres Konzertpodium zu drehen scheint, wenn er den Kopf bewegt, und wahrscheinlich empfindet er es fürs erste auch nicht als lästig, wenn zufällig die eine der beiden Kopfhörermuscheln leiser als die andere arbeitet. Vielleicht behilft er sich damit, die unterschiedlichen Lautstärken durch Nachstellen der Membran-Abstände auszugleichen.

Kopfhörer-Stereofonie wird zum Hochgenuß, wenn man einen modernen dynamischen Hörer (**Bild 56**) benutzt. Es gibt keinen noch so teuren Lautsprecher der besser klingen kann. Die meisten Industrie-Stereoverstärker haben eigene Kopfhöreranschlüsse, weil immer mehr Musikliebhaber diese „stille Art“ des Musikgenusses schätzen lernen. Bei dieser Abhörart läuft eigentlich der größte Teil des manchmal recht aufwendigen Verstärkers völlig überflüssig mit, denn im Gegensatz zu den Lautsprechern, die Leistungen von 20 W und darüber benötigen,

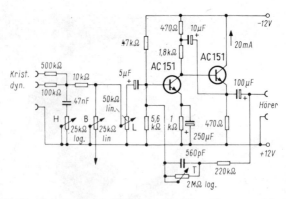

Bild 57 a. Schaltung eines Transistor-Kopfhörer-Phonoverstärkers mit Höhen-, Tiefen- und Balanceeinsteller

kommt der Kopfhörer mit Milliwatts aus. Diese liefert z. B. der Impedanzwandler nach Bild 52.

Wer sich jedoch einen der modernen „Wunderhörer" leistet, sollte sich nicht mit diesem einfachen Impedanzwandler begnügen, sondern gleich einen Phono-Kopfhörerverstärker bauen, der neben einem Lautstärke- und Balanceeinsteller auch Potentiometer für das wahlweise Einstellen von Höhen und Tiefen enthält. **Bild 57a** zeigt eine moderne Transistorschaltung (nur ein Kanal gezeichnet), die aus drei in Reihe geschalteten Taschenlampen-Flachbatterien oder einem kleinen 12-V-Netzteil gespeist werden kann. Als Tonabnehmer ist jede Kristalltype oder auch jede magnetische Ausführung in Verbindung mit einem Vorverstärker nach Bild 47 geeignet.

Der Längswiderstand im Eingang verleiht dem vorgeschalteten Tonabnehmer einen Innenwiderstand mit ohmschem Charakter, so daß das Potentiomer H (Höhen) in Verbindung mit dem Vorschaltkondensator von 47 kΩ wie eine Tonblende arbeitet. Der Balanceeinsteller B bildet über seinen Schleifer zusammen mit dem Längswiderstand von 10 kΩ einen Spannungsteiler. Je nach Schleiferstellung belastet er den Links- oder den Rechtskanal mehr und erlaubt damit das Einstellen gleicher

82

Bild 57 b. Der selbstgebaute Kopfhörer-Phonoverstärker

Lautstärken in beiden Kanälen. Zur Lautstärkeeinstellung dient das Potentiometer L. Vom Ausgang der Schaltung verläuft ein Gegenkopplungsweg über 220 kΩ und 560 pF zur Basis des ersten Transistors; er bewirkt eine Baßanhebung. Mit dem Potentiometer T läßt sich die Frequenzabhängigkeit mehr und mehr rückgängig machen, wodurch man die Bässe abschwächt. **Bild 57b** zeigt das Mustergerät.

d) Balance- und Lautstärke-Einstellung

An dieser Stelle wollen wir uns gleich mit zwei Einstellern beschäftigen, deren Bemessung und Anordnung von der bei der Monotechnik abweicht, nämlich dem Balance- und dem Lautstärkepotentiometer.

Der Balanceeinsteller sorgt für genau gleiche Lautstärken in beiden Kanälen, also auch dafür, daß etwa ein genau in der Mitte spielendes Instrument nicht nach links verschoben erscheint, weil der Linkskanal lauter erklingt. Wir sprechen ausdrücklich von „gleicher Lautstärke" und sagen nicht „gleiche Verstärkung". So wie bei der eben beschriebenen einfachen Kopfhörer-Stereofonie eine der beiden Muscheln durch Zufall stärker gedämpft sein kann (zu großer Membran-Abstand), können bei Lautsprecher-Wiedergabe Vorhänge oder Polstermöbel an der einen Zimmerwand eine unabsichtliche Dämpfung bewirken. Durch Erhöhen der Verstärkung im zugeordneten Kanal oder durch Dämpfen derselben im gegenüberliegenden lassen sich dann wieder gleiche Lautstärken herstellen. Der Balanceeinsteller, dem diese Aufgabe zufällt, beeinflußt beide Kanäle gleichzeitig, aber im entgegengesetzten Sinn.

Ein Schaltungsbeispiel für einen solchen Einsteller zeigt **Bild 58**. Bei R und L werden die Tonspannungen aus dem Rechts- und Linkskanal zum Lautstärkeeinsteller L geführt, auf den wir noch zu sprechen kommen. Die Widerstände R 1 und R 2 bilden mit der 2-MΩ-Kohlebahn des Balanceeinstellers zwei Spannungs-

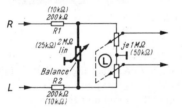

Bild 58. Beispiel für die Schaltung eines Balanceeinstellers

teiler, und zwar gegen den an Masse liegenden Schleifer. Verstellt man letzteren nach oben, so belastet der nach oben gezeichnete Einstellerteil R 1 und bildet einen Nebenschluß zum oberen Teil des Lautstärkeeinstellers L. Das bewirkt ein Zurückgehen der Lautstärke im Rechtskanal, das noch dadurch unterstützt wird, daß R 2 gleichzeitig entlastet wird und dadurch im Linkskanal ein kleiner Zuwachs an Lautstärke zu verzeichnen ist. Die Bemessungswerte hängen von der Gerätebestückung ab. In Bild 58 gelten die nicht eingeklammerten Angaben für hochohmige Röhrenschaltungen, die eingeklammerten für Transistorgeräte.Es handelt sich um Richtwerte! Wir kennen eine Vielzahl von Schaltungen zur Balanceeinstellung. Recht interessant war die in einem älteren Röhrengerät von Telefunken, die sich aber

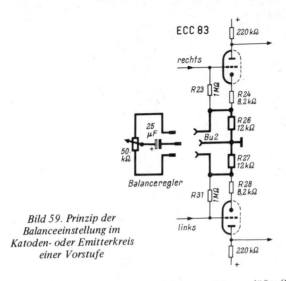

Bild 59. Prinzip der
Balanceeinstellung im
Katoden- oder Emitterkreis
einer Vorstufe

sinngemäß auch auf Transistorverstärker ausdehnen läßt **(Bild 59)**. Hier liegen die Gitter- und Katodenwiderstände R 23/R 31 und R 24/R 28 (die Positionsbezifferung ist aus dem Fabrikschaltbild übernommen) nicht unmittelbar, sondern über die beiden Verlängerungswiderstände R 26 und R 27 an Masse. Diese bewirken − weil sie kapazitiv nicht überbrückt sind − eine beabsichtigte Stromgegenkopplung und damit eine beiden Kanälen gemeinsame Lautstärkedämpfung. Überbrückt man R 26 oder R 27 mit einem Kondensator, dann steigt im zugehörigen Kanal die Verstärkung an. Links neben den Buchsen Bu 2 in Bild 59 erkennt man den hierfür bestimmten Einsteller sowie seinen 25-μF-Kondensator. Weil die Leitung zwischen R 26 und R 27 sowie dem Balanceeinsteller verhältnismäßig niederohmig ist, kann sie mehrere Meter lang ausgeführt werden, und der Balanceeinsteller läßt sich als „Fernbedienung" z. B. in der gemütlichen Ecke des Wiedergaberaumes anbringen.

Zur Bedienungsvereinfachung − und eigentlich versteht sich das von selbst − sitzen die beiden Lautstärkepotentiometer für den Rechts- und Linkskanal auf einer gemeinsamen Achse

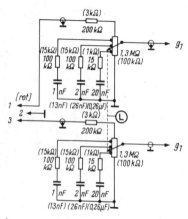

Bild 60. Schaltung eines gehörrichtigen Stereo-Lautstärkeeinstellers.
Nicht eingeklammerte Richtwerte für Röhrengeräte, eingeklammerte für
Transistorgeräte

(Tandempotentiometer). Man verlangt von ihnen, daß ihre Widerstandswerte auf jedem Punkt übereinstimmen, daß sich also die Regelkennlinien genau decken. Wegen der logarithmisch verlaufenden Empfindlichkeitskennlinie des menschlichen Ohres benutzt man zur Lautstärkeeinstellung Potentiometer mit logarithmischen Kennlinien. Leider ist es recht schwierig, die Kohlebahnen mit so hoher Übereinstimmung in allen Werten herzustellen, daß die genaue Kennliniendeckung über den ganzen Drehbereich gewährleistet ist. Zwar sind in letzter Zeit logarithmische Tandempotentiometer mit guter Kurvenübereinstimmung auf den Markt gekommen, aber inzwischen war man auf einen anderen Ausweg verfallen, der sich gut bewährt hat und den man sehr wahrscheinlich auch beibehalten wird.

Potentiometer mit linearen Kennlinien konnte man schon immer mit guter Kurvenübereinstimmung fabrizieren. Ferner ist bekannt, daß sich Potentiometerkurven „verbiegen" lassen, wenn man zwischen Masse und Zapfpunkte der Kohlebahn Nebenwiderstände schaltet. Solche Widerstände mit 2 % bis 5 %

Genauigkeit geben zusammen mit linearen Potentiometern „Gespanne" ab, deren Kurven praktisch gleich sind. Weil die Eingangspotentiometer von Verstärkern ohnehin zum Erzielen der gehörrichtig entzerrten Wiedergabe mit RC-Gliedern (Baßanhebung bei kleineren Lautstärken) ausgerüstet werden, entstehen durch den Umweg über lineare Potentiometer noch nicht einmal Mehrkosten, und die gewünschte Kurvengleichheit läßt sich mit hoher Zuverlässigkeit erzielen. Die Beschaltung eines linearen Tandempotentiometers mit RC-Gliedern zeigt **Bild 60**. Die nicht eingeklammerten Werte gelten für hochohmige Röhren-, die eingeklammerten für Transistorschaltungen.

e) Die fünf Möglichkeiten der Stereowiedergabe oder „Der Kniff mit den tiefen Tönen"

Eigentlich versteht es sich von selbst, daß es nur ein einziges optimales Prinzip der Stereowiedergabe geben kann, nämlich das in **Bild 61** gezeigte Verfahren, bei dem in jedem Kanal ein eigener Verstärker eine zugehörige Allton-Lautsprechergruppe speist. Beide Nf-Wege sind völlig gleich gestaltet. Heute sind alle Stereoanlagen, auch die der untersten Preisklasse, so aufgebaut.

Recht empfindsame Naturen werden bei dieser „elektrischen Idealanordnung" manchmal eine merkwürdige Erscheinung bemängeln. Bei der Wiedergabe eines Musikstückes kann es vorkommen, daß der Solist, z. B. ein Sänger, scheinbar genau aus

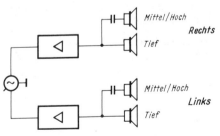

Bild 61. Die klassische Stereo-Wiedergabeanlage mit zwei völlig gleichen Kanälen

der Mitte zwischen beiden Lautsprechergruppen ertönt. An dieser Stelle des Wiedergaberaumes steht vielleicht gerade ein Sessel, und man wird das störende Gefühl nicht los, daß sich der Tenor hinter diesem Möbelstück verborgen hält. Das klingt zwar überspitzt, aber jeder wird das bestätigen, wenn er einmal darauf achtet. Würde an der Stelle des Sessels, eine große Musiktruhe stehen, so wäre das unbehagliche Gefühl sofort verschwunden, denn wir haben uns seit Jahrzenten an den Lautsprecher als eineArt ,,Blickfang'' gewöhnt und das unstete Auge findet Halt an diesem Gebilde. Wer das nicht glaubt, mag es selbst erproben und bei einer Anlage nach Bild 61 einmal versuchsweise einen leeren Holzkasten zwischen beide Lautstrechergruppen stellen. Sogar in einigen Aufnahmestudios griff man zu diesem Trick und erfand auch gleich noch einen einprägsamen neuen Ausdruck für die leere Kiste. Der ,,Phantomlautsprecher'' soll dem Tontechniker am Mischpult als Orientierungshilfe für das Ausbalancieren der Kanallautstärken dienen.

Die beschriebene Idealanordnung war am Anfang der Stereo-Zeit aus Preis- und Raumgründen nur selten zu verwirklichen. Vor allem: Damals waren — wir sprachen schon darüber — Lautsprecher mit guter Baßwiedergabe riesig groß. Deshalb nutzten früher die Konstrukteure einen interessanten Effekt aus, und auch wenn man sich seiner heute nur noch selten bedient, sollte der Leser darüber Bescheid wissen. Vielleicht gelangt er irgendwie billig zu einer älteren Stereoanlage oder er muß sie reparieren, und dann wundert er sich vielleicht, daß da irgendein komischer Kniff mit den tiefen Tönen ausgenutzt wird.

Man weiß, daß sich tiefe Töne unter 300 Hz nicht orten lassen. Man kann also nicht bestimmen, aus welcher Gegend sie ertönen, und deshalb ist es auch ziemlich belanglos, wo der Tiefenlautsprecher aufgestellt wird. Kritische Leser werden zwar sofort einwenden, daß das nicht stimmen kann. Sie weisen darauf hin, daß sie jeder Zeit mit verbundenen Augen sagen würden, ob z. B. der Zupfbaß einer Tanzkapelle vom rechten oder vom linken Lautsprecher zu hören ist. Das stimmt auch, aber genauso stimmt die physikalisch beweisbare Tatsache, daß sich

Töne unter 300 Hz nicht orten lassen. Wie ist dieser Widerspruch zu erklären?

Der Begriff „Ton" ist mehrdeutig. Der Physiker meint damit reine Sinusschwingungen, und der Musiker versteht unter Ton das oberwellenreiche Gemisch eines musikalischen Tones, das aber nicht sinusförmig ist. Wenn er einen Baßgeigen-Ton von links hört, dann verrät ihm nicht der Grundton unter 300 Hz die Ursprungsrichtung, sondern die Obertöne erweisen ihm diesen Gefallen. Beim Zupfbaß sind das vor allem die Anschlaggeräusche, und das Seltsame bei der ganzen Sache ist, daß man sich dessen gar nicht bewußt wird. Wer die Möglichkeit dazu hat, mag folgenden Versuch anstellen:

Aus den Lautsprecherboxen einer Anlage nach Bild 61 werden die beiden Tieftöner entfernt und dicht nebeneinander (z. B. mit 5 cm Abstand) in eine neue Box eingebaut, die in der Mitte Platz findet. Rechts und links stehen nur noch die Hochtöner, und weil diese nur Töne über 300 Hz wiedergeben müssen, genügen sehr kleine Gehäuse von vielleicht 20 x 20 x 10 cm Größe. Auch der sehr kritische Zuhörer kann keinen Unterschied zwischen dieser und der früheren Art der Anlagengestaltung feststellen. Im Gegenteil: Er wird es bestimmt begrüßen, daß jetzt ein Großgehäuse als „Blickfang" zwischen den beiden seitlichen Basislautsprechern steht, die nun allein und unauffällig die Richtungsbestimmung ermöglichen. Man muß bei einer solchen Anlage allerdings dafür sorgen, daß der Tieftöner wirklich nur Tiefen abstrahlt und daß eine elektrische Weiche, z. B. eine passend bemessene Drossel, die Höhen von ihm fernhält.

Das Blockschaltbild einer so abgeänderten Anlage mit gemeinsamer Tiefenabstrahlung in einem Mittengehäuse unterscheidet sich nicht von dem in Bild 61. Man kann aber noch weiter gehen und die gewonnenen Erkenntnisse wie folgt ausnützen: Wenn schon die Bässe beider Kanäle aus dem gleichen Gehäuse erklingen, dann muß zur Abstrahlung auch ein einziges, entsprechend größeres Lautsprechersystem genügen. Diese Annahme trifft auch tatsächlich zu, und **Bild 62** zeigt, wie sich das bewerkstelligen läßt. Beide Verstärker verarbeiten zwar alle Töne ihrer Kanäle, aber sie geben nur die für die Ortung wichti-

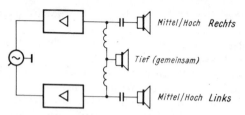

Bild 62. Baßwiedergabe über einen gemeinsamen Tiefton-Lautsprecher

gen Mittellagen und Höhen an die ihnen zugeordneten Basislautsprecher (Mittel-Hochtöner) ab. Die Bässe werden an den Ver-
stärkerausgängen herausgefiltert und über Sperrdrosseln für Mittellagen und Höhen einem gemeinsamen Tieftonsystem zugeführt.

Das gleiche Prinzip läßt sich weiter abwandeln und führt zu
einer recht interessanten Lösung, die vor allem jene Musikfreunde begrüßen werden, die eine teure hochwertige Einkanaltruhe
besitzen und diese für Stereowiedergabe erweitern wollen. Bekanntlich braucht man für kraftvolle Baßwiedergabe Verstärker
mit hoher Ausgangsleistung und Lautsprecher in großen Gehäusen, sofern man herkömmliche Maßstäbe anlegt und über keine
geschlossenen Boxen verfügt. Für die lautstarke Wiedergabe von
mittleren und hohen Tönen kommt man dagegen mit bescheidenen Verstärkern und kleinen Lautsprechern aus. Daher liegt es
nahe, bei der Erweiterung der vorhandenen Musiktruhe auf
Stereofonie diese zur gemeinsamen Baßwiedergabe weiterzuver-
wenden, die Mittellagen und Höhen des Rechts- und Linkskanals
in einem besonderen Stereoverstärker zu verstärken und zwei
kleinen Basislautsprechern zuzuführen. Der Verstärker und die
Basislautsprecher sind räumlich so klein, daß sie kaum auffallen,
und zudem ist ein solcher ,,Nachrüstsatz" (weil geringe Sprechleistungen vollauf genügen) recht preiswert, besonders im Selbstbau und wenn man vorhandene Teile benutzen kann. Schal-
tungsmäßig verstärken die Vorröhren im hinzugekauften Stereoverstärker alle Töne (**Bild 63**). Sie geben aber nur die mittleren
und hohen an die Endstufen weiter, während sie die Bässe

90

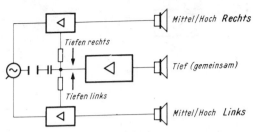

Bild 63. Gemeinsame Tieftonwiedergabe über einen zusätzlichen Baßverstärker

herausfiltern, zusammenmischen und der vorhandenen Truhe zuführen.

Bei der soeben beschriebenen Anordnung muß die Baßanlage nicht unbedingt aus einem Musikschrank bestehen. Ein größerer Rundfunkempfänger, der gute Tieftonwiedergabe ermöglicht, verrichtet den gleichen Dienst. Immerhin ist aber zu überlegen, ob es noch sinnvoll ist, zu einem Tischgerät einen Zusatzverstärker zu beschaffen, der auch im Selbstbau über 100 DM kostet. Heute werden nämlich schon vollständige Stereo-Rundfunk-Tischempfänger in der 400-DM-Klasse angeboten, die über völlig gleiche Nf-Teile verfügen, und einen eingebauten Decoder enthalten. Entweder ist ein Lautsprecher fest eingebaut und der zweite gleichgroße läßt sich abseits aufstellen (links/rechts nach Bedarf umschaltbar), oder beide Lautsprecher befinden sich in eigenen Gehäusen. Die dadurch mögliche Basisbreite sichert eine ausgezeichnete Stereo-Wiedergabe.

Früher baute man aber auch Tischgeräte, die nach **Bild 64** ausgelegt waren. Sie machten sich die Tatsache zunutze, daß nur für Baßwiedergabe eine einigermaßen kräftige Endstufe erforderlich ist, und daß die Richtung aus der die Bässe ertönen, nicht ortungsfähig ist. Demzufolge genügt für die Höhen wieder nur ein kleiner Verstärker. Aber man tut folgendes: Der Nf-Teil für den einen im Gerät vorhandenen Hauptlautsprecher verstärkt alle Töne seines Kanals und noch zusätzlich die Tiefen aus dem gegenüberliegenden Kanal. Letzterer ist mit einer schwachen Endstufe bestückt, weil diese für den kleinen Außenlautsprecher

91

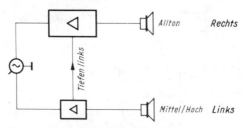

Bild 64. Kleinverstärker im Linkskanal zur Mittel-/Hochtonwiedergabe. Die „linken" Bässe werden ausgefiltert und im Rechtskanal weiterverstärkt und wiedergegeben

nur noch mittlere und hohe Töne verstärken muß. Der Lautsprecher im Tischgerät arbeitete also als rechter Basis- und gleichzeitig als Links-Rechts-Baßsystem. Der kleine Außenlautsprecher übernimmt die Rolle des Links-Basislautsprechers.

Für die fünfte Möglichkeit zeichneten wir kein Schaltbild, denn es würde sich von Bild 61 nur dadurch unterscheiden, daß die Viereck-Symbole der beiden Verstärkerteile ungleich groß wären. Wir denken an jene Nachrüst-Einkanalverstärker, die von verschiedenen Firmen zur Ergänzung vorhandener Anlagen geliefert wurden und die manchmal gleich in die Box eines Allton-Zusatzlautsprechers eingebaut waren. Prinzipmäßig gehören hierzu auch jene behelfsmäßigen Kleinanlagen, die man sich aus einem Phonokoffer mit Stereotonabnehmer und eingebautem Monoverstärker sowie einem Rundfunkgerät zusammenschalten kann. Der Phonoverstärker bildet zusammen mit seinem Kofferlautsprecher den einen, das vorhandene Rundfunkgerät den anderen Kanal. Der Wert solcher „Behelfsanlagen" wird von manchen Leuten ganz energisch bestritten und man führt hierfür scheinbar unwiederlegbare physikalische Tatsachen ins Feld. Aber Tatsache ist auch, daß so eine Einrichtung zwar keine ideale Wiedergabe vermittelt, aber dennoch funktioniert. Warum das der Fall ist, soll unter 6f erläutert werden; der kritische Leser möge nachsichtig bedenken, daß auch bescheidene Behelfe den „Appetit" zum Anschaffen einer technisch vollwertigen Stereoanlage wecken können.

Warnung

Bei Transistorverstärkern ist ein gemeinsamer Baßlautsprecher nach Bild 62 nicht anwendbar. Diese Schaltung kann zur Zerstörung der Endtransistoren führen. Der Entwickler eines bedeutenden Unternehmens sagte sinngemäß hierzu: „Wenn man davon ausgeht, daß die beiden Kanäle nicht mit genau gleichen Signalen nach Betrag und Phase angesteuert werden, verhalten sich die Endstufen wie zwei Generatoren mit verschiedener Spannungsabgabe. Läßt man diese Generatoren auf einen gemeinsamen Baßlautsprecher arbeiten, dann müssen nach dem Schulbeispiel der parallelgeschalteten Batterien mit unterschiedlicher Spannung Ausgleichströme fließen. Je nach Betrag und Phase können die Transistoren sogar völlig gegeneinander arbeiten, und die Überlastung tritt ein, die Transistoren werden zerstört. Das Speisen eines gemeinsamen Verbrauchers (Baßlautsprecher) aus Transistor-Verstärkern mit nicht genau gleichen Signalen ist stets ein hohes Risiko, sofern man nicht die Endstufe mit ‚dicken' und ‚dicksten' Transistoren überdimensioniert."

f) „Nachsichtiges" zum Stereo-Problem

Wie auf Seite 10 erklärt wurde, beruht unsere Fähigkeit, eine Schallquelle zu orten, auf dem unterbewußten Auswerten von winzigen Laufzeit-, Laustärke- und Klangfarbenunterschieden, die beide Ohren von einem Schallereignis erhalten. Diese feinen Differenzen sind auf dem Stereo-Tonträger enthalten, und es leuchtet sofort ein, daß man alles tun muß, um diese Unterschiede auf dem Wiedergabeweg nicht zu verfälschen. Wie wichtig das ist, läßt sich mit einem einfachen Versuch beweisen:

Wenn man absichtlich bei einer zunächst richtig ausbalancierten Anlage z. B. die Verstärkung im Linkskanal herabsetzt, scheinen die Solisten, die erst aus dem linken Lautsprecher musizierten, plötzlich in der Mitte oder gar rechts auf dem Podium zu stehen. Ähnliche Verfälschungen bemerkt man, wenn man die Klangreglereinstellung in einem Kanal stark verändert oder phasendrehende Glieder einfügt. Um solchen Erscheinungen aus dem Weg zu gehen, versteht es sich von selbst, daß man für hochwertige Wiedergabe elektrisch völlig gleiche Verstärker und Lautsprecher in beiden Kanälen anstrebt.

Daß man trotzdem auch mit ungleichen Verstärkern (Beispiel Phonokoffer und Rundfunkgerät) recht brauchbare Stereofonie machen kann, bestätigt neben dem Versuch eine einfache Überlegung: Die drei wesentlichen Ortungsmerkmale (Laufzeit-, Lautstärke- und Klangfarbenunterschiede) tragen nicht zu gleichen Teilen zum Richtungshören bei. Je nach der Höhe eines Tones überwiegt einmal die Lautstärke-, das nächste Mal die Klangfarben- und ein anderes Mal die Laufzeitdifferenz. Wie wir aber schon einmal erläuterten, besteht Musik nicht aus physikalischen Sinustönen. Musikalische Töne sind äußerst oberwellenreich und sie treten auch höchst selten allein, sondern fast immer in Form von Akkorden auf. Deshalb ist es sehr unwahrscheinlich, daß im Verlauf einer Übertragung überhaupt Momente entstehen, in denen bei allen Teiltönen gleichzeitig alle drei Richtungskriterien verfälscht in Erscheinung treten. Solange je Zeiteinheit die richtig übertragenen Informationsmerkmale überwiegen, lassen sich unsere Ohren überlisten.

Natürlich kann man nicht bestreiten, daß bei solchen Zugeständnissen Feinheiten bei der Richtungsbestimmung verlorengehen. Aber was bedeutet das in der Sprache des Praktikers: Vielleicht ortet man beim Anhören einer Schallplatte den Cellisten weiter links, als er in Wirklichkeit bei der Aufnahme saß. Da Vergleichsmöglichkeiten fehlen, bemerkt der Zuhörer diesen Mangel nicht. Er steht trotzdem noch im Banne der Stereowirkung, und auch eine solche Wiedergabe mit „Zugeständnissen" wird ihm mehr musikalisches Erlebnis schenken als eine noch so gute Mono-Übertragung. Auch der kritischste Beurteiler sollte nachsichtig sein, wenn er einer technisch nicht ganz „astreinen" Wiedergabeeinrichtung begegnet.

7 Die Schaltungstechnik bei Stereoverstärkern

Um den Leser, der sich eine fertige Anlage kaufen will, mit der Schaltungstechnik vertraut zu machen und gleichzeitig dem am Selbstbau interessierten Praktiker verläßliche Unterlagen zu vermitteln, sollen nachstehend die Schaltungen von Geräten besprochen werden, die teilweise für dieses Buch gebaut wurden oder die auf dem Markt angeboten werden. Solche Veröffentlichungen lösen erfahrungsgemäß viele Leserzuschriften aus, weil es auf dem verfügbaren Druckraum unmöglich ist, rezeptartige und laiensichere Bauanleitungen abzudrucken, die bis ins kleinste Detail gehen. So ist es z. B. undurchführbar, Drahtführungsskizzen zu bringen, denn hierfür wären großformatige Zeichnungen erforderlich. Außerdem sei ganz offen auf folgendes hingewiesen: Wer die allgemeinen Grundkenntnisse im Verstärkerbau und in der Hi-Fi-Schaltungstechnik nicht beherrscht, sollte sich besser zunächst nicht mit Stereoverstärkern befassen und lieber zuerst das erforderliche Wissen ergänzen. Das ist der solide und sichere Weg. Hierzu verhilft z. B. der Doppelband 7/8 der Radio-Praktiker-Bücherei, „Niederfrequenz-Verstärker mit Röhren und Transistoren".

Wer dagegen schon mit Erfolg Verstärker gebaut hat, braucht kaum Schwierigkeiten zu befürchten. Grundsätzlich soll man danach trachten, die Bauelemente auf dem Chassis oder der Platine so zu verteilen, daß sich in beiden Kanälen völlig übereinstimmende Drahtführung erzielen läßt. In nicht gegengekoppelten Stufen sind Widerstände und Kondensatoren mit geringen Toleranzen (z. B. 5-%-Typen) wünschenswert, um gute elektrische Gleichheit sicherzustellen. In gegengekoppelten Stufen kann man mit normalen 10-%-Bauelementen gut auskommen, weil die erforderliche Kanalgleichheit von der Gegenkopplung automatisch erzwungen wird. Wer bei „krummen" R- und C-

Werten Beschaffungsschwierigkeiten hat (z. B. 8,2-kΩ-Widerstand usw.) und sich nicht über die Bedeutung und den Unterschied der dekadischen (z. B. 5, 10, 15, 20, 25 kΩ) und der 12er-Wertstaffelung klar ist (z. B. 10, 12, 15, 18, 22 kΩ), lese das bitte in RPB 85 nach. So gerüstet kann er sich bedenkenlos auf das Stereo-Gebiet wagen.

a) Transistorverstärker mit 2 x 4 W

Auf der Suche nach einer typischen Transistor-Schaltung für die untere Preisklasse stießen wir auf das Stereo-Phonogerät 22 GF 528 von Philips, das im Unterteil einen automatischen Spieler sowie einen 2 x 4-W-Verstärker enthält und dessen Lautsprecher beim Transport als Deckel dienen (**Bild 65**). Beim Erproben überraschten zunächst die unerwartet hohe Lautstärke und die sehr befriedigende Klanggüte — trotz der verhältnismäßig bescheidenen Sprechleistung und der gar nicht großen Systeme. Man muß erst wieder „in alte Zeiten umdenken", um sich daran zu erinnern, daß hinten offene Lautsprecher mit 4 W ganz erhebliche Schalldrücke erzeugen können.

Der nächste Versuch verlief ganz wie erwartet: Wir tauschten die zugehörigen Lautsprecher gegen zwei hochmoderne geschlossene Boxen der obersten Preisklasse aus, und die Wiedergabelautstärke sank ganz beträchtlich, die Qualität stieg dagegen an. Sie war gehörmäßig beurteilt so gut, daß man zur Klassifikation „Hi Fi" neigte, obwohl der Hersteller nicht davon spricht. Er unterläßt das zu Recht, denn das wohlfeile Laufwerk nebst Abtaster und die einfachen Lautsprecher setzen zwangsläufig Grenzen. Unser Ziel war aber, ein gehörmäßiges Urteil über den Verstärker zu gewinnen, und so ersetzten wir das Laufwerk durch einen vorgeschalteten Stereo-Tuner und die Strahler durch zwei historische Eckenlautsprecher, die wegen ihrer Klanggüte und ihres vorzüglichen Wirkungsgrades berühmt, wegen ihrer Ausmaße dagegen berüchtigt sind.

Der Erfolg frappierte: Eine so mächtige, klangvolle und präzise Stereowiedergabe liefern sonst nur „dicke" Anlagen mit geschlossenen Boxen, der Verstärker selbst klang jedoch unter

Bild 65. Stereo-Phonogeräte 22 GF 528 von Philips

diesen Bedingungen hochgradig „hi-fi-verdächtig". Ein von uns deshalb befragter Geräteentwickler nahm hierzu Stellung, und er bestätigte damit eigene Überlegungen, die diesem Abschnitt vorangehen mögen:

Bei Röhrenverstärkern bildet der unerläßliche Ausgangsübertrager den fühlbarsten Qualitäts-Engpaß. Er schluckt nicht nur einen merklichen Teil der Sprechleistung, sondern sein Eisen-Klirrfaktor und seine unvermeidlichen Phasendrehungen schränken auch die heilsame Wirkung der Gegenkopplung ein. Ein wirklich guter Ausgangsübertrager in verschachtelter Wicklungsweise kostet sehr viel Geld und ist sehr schwer. Ein Allheilmittel ist er grundsätzlich nicht. Hinzu kommt, daß die Klirrfaktorkurve eines Röhrenverstärkers, roh gesagt, etwa proportional mit der Endleistung ansteigt. Bei Transistoren mit „eisenlosem" Ausgang verläuft sie jedoch bis zum Punkt der Nennleistung fast völlig flach, um erst dann steil anzusteigen. Deshalb lassen sich moderne Transistorverstärker sehr weit aussteuern, ohne daß

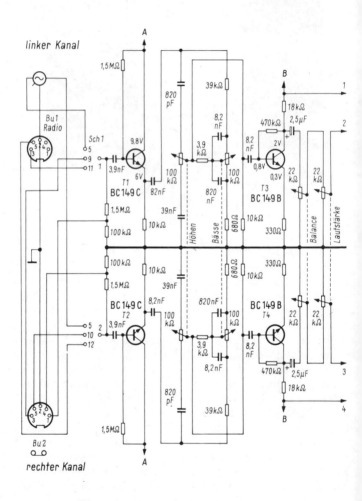

Bild 66. Die Schaltung des Gerätes in Bild 65

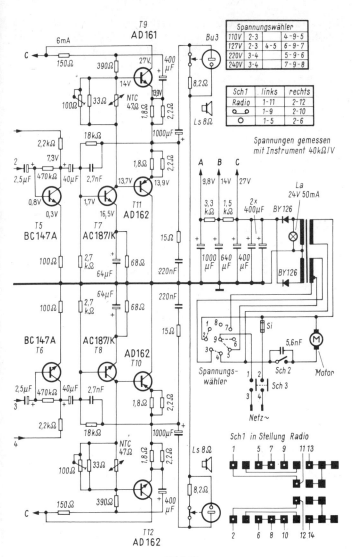

Spannungswähler			
110V	2-3		4-9-5
127V	2-3	4-5	6-9-7
220V	3-4		5-9-6
240V	3-4		7-9-8

Sch1	links	rechts
Radio	1-11	2-12
○—○	1-9	2-10
○	1-5	2-6

Spannungen gemessen
mit Instrument 40kΩ/V

Sch1 in Stellung Radio

zu Bild 66

Verzerrungen auftreten. Und überhaupt: ... die Applikations-laboratorien der Halbleiterfabriken liefern heute der gerätebau-enden Industrie so präzise Bau- und Bemessungsunterlagen für gute Transistor-Nf-Verstärker, daß die Fabriken die Bemessun-gen für schlechte tatsächlich erst mühsam selbst erarbeiten müßten.

So informiert, wollen wir die Schaltung des Verstärkers im Phonogerät 22 GF 528 näher betrachten (**Bild 66**). Der Tran-sistor T 1 (wir sprechen nur vom Linkskanal) arbeitet als Impe-danzwandler. Er paßt das hochohmige Kristallsystem in Emit-ter-Folgeschaltung an das niederohmige Klangeinstell-Netzwerk mit den Tandempotentiometern „Höhen" und „Bässe" an. Diese sind genauso geschaltet, wie von Röhrenverstärkern ge-wöhnt, aber entsprechend niederohmiger bemessen. Die Wider-standswerte sind also kleiner, die Kapazitätswerte im gleichen Verhältnis höher. Dann folgt die Stufe T 3, die die Entzerrerver-luste wieder ausgleicht.

Der Balance-Einsteller ist ziemlich *rigoros* geschaltet. Weil er „gegenläufig" arbeitet und ohne Vorwiderstand auskommt, be-einflußt er nämlich die Verstärkung beider Kanäle nicht nur bis zu einem gewissen Grad, sondern er funktioniert von *Null bis Voll*.

Bevor wir zum Lautstärkeeinsteller übergehen, sei nochmals auf die Eingangsschaltung zurückgekommen. Mit dem Schalter Sch 1 kann man auf die Buchsen Bu 1 und Bu 2 umschalten, an die sich wahlweise ein Tuner oder ein Tonbandgerät anstecken lassen. Die Aufsprech-Abnahmen für das Bandgerät erfolgen am Eingangs-Spannungsteiler 1 MΩ/100 kΩ, und zwar an den An-schlüssen 1 und 4 der Buchse Bu 2.

Hinter dem Lautstärkeeinsteller schließt sich die Stufe T 5 an, sie steuert den Treiber T 7 an. Dieser bedient die Komple-mentär-Endstufe T 9/T 11, von deren Ausgang er über das RC-Glied 18 kΩ/2 nF gegengekoppelt wird. Dieses frequenzab-hängige Glied besorgt die erforderliche Baß-Voranhebung für die verhältnismäßig kleinen Lautsprecher.

Parallel zur Ausgangsbuchse Bu 3 ist noch eine Schalter-buchse zu erkennen, die bei gezogenem Lautsprecherstecker

Bild 67. Der Stereoverstärker STV 1

automatisch die Endstufe mit 8,2 Ω belastet und Leerlaufschäden ausschließt.

b) 2 x 2,5-W-Röhrenverstärker für Stereo-Allton- oder Basis-Teilton-Wiedergabe

Wer noch über Röhren verfügt und vielleicht sogar zusätzlich eine Mono-Anlage mit guter Baßwiedergabe besitzt, für den ist der Verstärker nach **Bild 67** der zweckmäßigste Übergang zur Stereofonie, weil er wenig Geld kostet und universell verwendbar ist. Er läßt sich nämlich einmal als normaler Stereoverstärker nach dem Prinzip von Bild 61 betreiben, wobei seine verhältnismäßig bescheidene Sprechleistung gut für mittlere Wohnräume ausreicht. Betreibt man ihn in Verbindung mit zwei Eckenlautsprechern die sich durch gute Tiefenwiedergabe und hohen Wirkungsgrad auszeichnen, dann lassen sich sogar sehr große Wohnräume damit beschallen. Durch Betätigen eines einfachen Schalters können aber auch die Tiefen von den Endröhren ferngehalten, aus beiden Kanälen ausgefiltert und gemäß Bild 63 einer gemeinsamen Tieftonanlage (Musiktruhe) zugeführt werden. Weil dann in den Endröhren nur noch Mittellagen und Höhen verstärkt werden müssen, kann man Lautstärken in diesen Bereichen erzielen, die auch für kleinere Säle ausreichen.

Wie aus der Schaltung **(Bild 68)** hervorgeht, enthält jeder Kanal eine Doppelröhre ECL 82. Vor dem dreifach angezapften

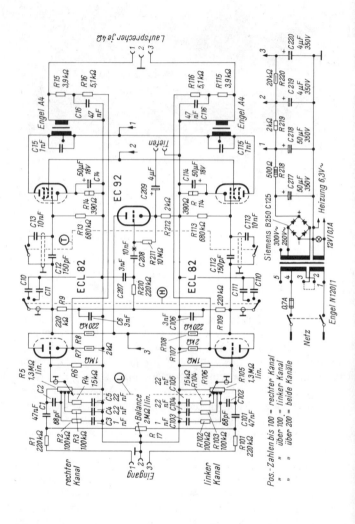

Bild 68. Die Schaltung des Verstärkers STV 1 (Stecker nach alter Norm)

Lautstärkeeinsteller (gehörrichtig) sind zwei Längswiderstände R 1/R 101 vorgesehen, die zusammen mit dem Balanceeinsteller Spannungsteiler nach dem in Bild 58 gezeigten Prinzip bilden. Zwischen den Trioden-Vorstufen und den Endsystemen der Doppelröhre erkennt man zwei Klangschalter für die Höhen (H) und die Tiefen (T). Der Höhenschalter legt zwei verschieden große Querkondensatoren C 10/C 110 bzw. C 11/C 111 nach Art einer Tonblende in den Übertragungsweg, er bewirkt also eine Klangverdunkelung. Weil jedoch C 16/C 116 im Gegenkopplungskanal eine Höhenbetonung hervorrufen, verhält sich H in der Praxis wie ein zweiseitig wirkender Klangeinsteller. In der gezeichneten Stellung werden die Höhen bevorzugt, in der mittleren erscheinen sie normal und in der dritten gedämpft. Die Werte für diese Kondensatoren wurden deshalb nicht angegeben, weil man sie am besten nach dem Gehör ermittelt und an die verwendeten Lautsprecher anpaßt (Richtwerte: 2 nF bis 10 nF).

Der Tiefenschalter T arbeitet genauso wie eine Sprache-/Musiktaste. Im geöffneten Zustand werden die Bässe gedämpft, weil sie über den sehr knapp bemessenen Kondensator C 12/C 112 zur Endröhre gelangen. C 13/C 113 bilden beim Betätigen von T einen Nebenschluß, der ungeschwächte Baßwiedergabe sichert. Diese Betriebsweise wird gewählt, wenn man das Gerät als selbständigen Allton-Stereoverstärker mit zwei Eckenlautsprechern oder ähnlichen Anordnungen betreibt.

Will man dagegen nur mittlere und hohe Töne weiterverstärken und die Tiefen für eine gemeinsame Baßanlage heraussieben, so kommt das hierfür vorgesehene Filter zur Wirkung. Es besteht aus den Gliedern R 9/R 109 mit C 6/C 106 sowie R 210/C 207. Hinter C 208 sind praktisch nur noch Bässe hörbar, und wo der Stern eingezeichnet ist, kann man über eine 1 m bis 2 m lange Schnur den Tonabnehmereingang einer Truhe oder einer Hi-Fi-Anlage für die Baßwiedergabe anschließen.

Im Mustergerät wurde noch eine Besonderheit vorgesehen, die zwar nicht zwingend nötig ist, die sich aber in vielen Fällen als zweckmäßig erweist. Die zusätzliche Röhre EC 92 wird als Impedanzwandler betrieben, der die zum Musikschrank oder die zur vorhandenen Anlage führende Leitung niederohmig und

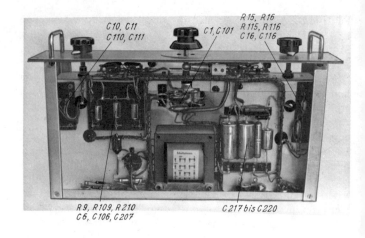

Bild 69. Chassis-Unteransicht des Verstärkers STV 1

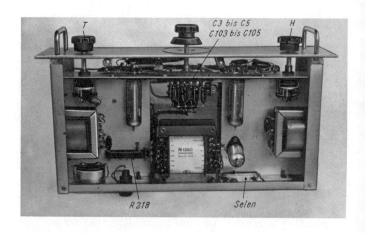

Bild 70. Draufsicht auf das Chassis des STV 1

damit brummfrei macht. Das geht so weit, daß man dieses Kabel unbesorgt unabgeschirmt verlegen kann. Durch einmaliges Einstellen des Haupteinstellers der Baßanlage hat man es in der Hand, das allgemeine Verhältnis „Bässe zu Resttonbereich" zu bestimmen. Die bei kleinen Lautstärken erforderliche Baßanhebung besorgt automatisch der gehörrichtig beschaltete Lautstärkeeinsteller L.

Den Innenaufbau des Mustergerätes zeigen die **Bilder 69** und **70**, aber wegen der elektrisch unkritischen Schaltung braucht man sich nicht an diese Bauweise zu halten. Sie wurde nur gewählt, weil das Modell in eine bestimmte Chassisform hineinpassen mußte. Dieser Universalverstärker ist bei Teiltonbetrieb (getrennte Baßanlage) besonders jenen Stereofreunden zu empfehlen, die bereits eine hochwertige Mono-Anlage besitzen und diese zweckdienlich weiter verwenden wollen. Je nach den Eigenschaften solcher Anlagen kann es vorteilhaft sein, für C 6/ C 106/C 207 abweichende Werte zu erproben und damit evtl. bis auf 1 nF herabzugehen.

c) Transistorverstärker mit 2 x 13 W

Auch bei uns gewinnt das aus den USA „importierte" Selbstbauverfahren immer mehr Freunde, bei dem die Entwickler-Firma im vollständigen Bausatz die unbestückten Druckplatinen

Bild 71. Stereoverstärker aus dem Baukasten, Rim RST 30

zusammen mit allen Einzelteilen und einer ausführlichen Bau-
anweisung liefert. Auch ein formschönes Gehäuse gehört zu
einem solchen „Kit". Ein typisches Gerät dieser Art ist der
Stereoverstärker RST 30 von Radio-Rim **(Bild 71)**. Mit 2 x 13 W
Sinusleistung gehört er zur mittleren Leistungsklasse, aber seine
technischen Daten (Tabelle) lassen erkennen, daß es sich um ein
Gerät mit allem Komfort handelt.

Technische Daten RST 30

Sinusleistung	2 x 13 W
Klirrgrad bei 1 kHz	max 1 %
Frequenzbereich	30...20 000 Hz
Fremdspannungsabstand	60 dB
6 Eingänge	
Mikrofon	3 mV/30 kΩ
Tonabnehmer magn. (TA_m)	3 mV/47 kΩ
Kristall-Tonabnehmer (TA_{kr})	200 mV/500 kΩ
Tuner	200 mV/500 kΩ
2 x Tonband	200 mV/500 kΩ
Ausgänge	
Lautsprecher	4...16 Ω
Bandaufnahme	50 mV
Sprache-Musikschalter	– 20 dB bei 1 kHz
Laut-Leise-Schalter	– 15 dB
Klangeinstellung	
Höhen	– 16...+ 12 dB
Tiefen	– 16...+ 15 dB
Balance	± 20 dB
Phasenschalter	zum Vertauschen der Kanäle
Mono-Stereo-Umschalter	
Monitor-Schalter	für Hinterbandkontrolle

Um den Neubau zu erleichtern, finden fünf Arten von Baugruppen Verwendung, nämlich eine Platine mit Pegel-Vorein-
stellern, ein Stereo-Vorverstärker für zwei niederpegelige Stereo-

quellen und Umschaltung für Mikrofon/dynamischer oder magnetischer Tonabnehmer, eine Klangeinstellstufe, eine Treiberstufe und eine Platine für die Bauelemente des Netzteils.

Bild 72 zeigt die Schaltung. Die Baugruppe RST 30 PEG enthält acht Pegel-Voreinsteller für Tonband, Tuner und Kristall-Tonabnehmer. Bei den Eingängen für Mikrofon und magnetischen Tonabnehmer wurde auf Voreinsteller verzichtet, weil diese Quellen erfahrungsgemäß keine überhöhten Pegel liefern. Vom anschliessenden Drucktastensatz (Eingangsumschalter) gelangt das ausgewählte Signal zum Anschluß E der Klangeinstell-Baugruppe RST 30 KL-M6S. Signale vom Mikrofon oder vom magnetischen Tonabnehmer durchlaufen jedoch vorher den Vorverstärker RST 30 VV, der mit der Taste „Mi" je nach Bedarf auf lineare Verstärkung (= Mikrofon) oder auf Tonabnehmer-Entzerrung umgeschaltet werden kann. Wenn bei TA_{kr} ein Kristallsystem angeschlossen wird, das bekanntlich ohne Vorverstärkung und Entzerrung auskommt, gelangt seine Tonspannung über den Eingangsumschalter direkt zum Eingang der Klangeinstell-Baugruppe.

Etwa in der Mitte des linken Teils der Schaltung verdient der Kontaktsatz „Monitor" Beachtung, der mechanisch mit dem Balanceeinsteller gekuppelt ist. Bei Bedarf trennt er das ausgewählte Eingangssignal vom Punkt E der Klangeinstell-Baugruppe und damit von der Wiedergabeanlage, um dafür den Wiedergabeausgang eines auf Aufnahme geschalteten Tonbandgerätes mit getrennten (!) Aufnahme- und Wiedergabekanälen einzuschleifen. Durch abwechselndes Betätigen dieses Schalters kann man also noch während der Aufnahme um Sekundenbruchteile verzögert (= Abstand zwischen Sprech- und Hörkopf) die Wiedergabequalität mit der des Originalprogramms vergleichen (= Hinterbandkontrolle).

Vom schon erwähnten Anschluß E der Klangeinstell-Baugruppe geht das Signal über den Kondensator C 15 zur Basis des Transistors T 3, der mit der Stufe T 4 galvanisch gekoppelt ist. Der dynamische Eingangswiderstand dieses Paares liegt bei 1 MΩ, einem Wert, der hochohmige Quellen oder den Vorverstärker nicht unzulässig belastet.

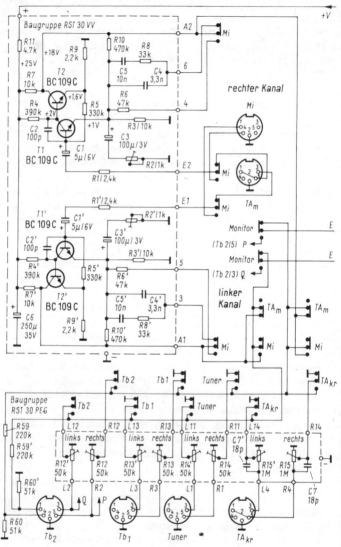

Bild 72. Die Schaltung des Verstärkers RST 30

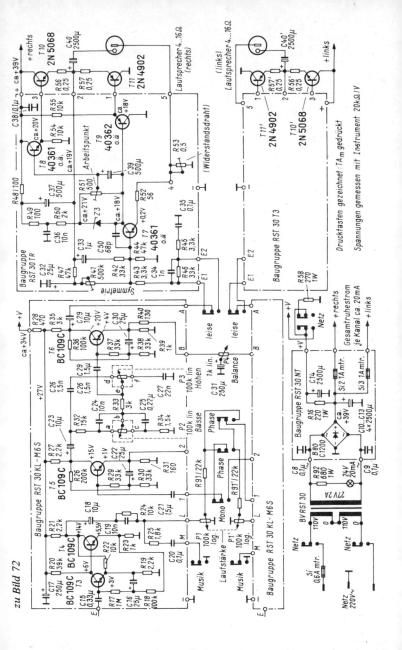

zu Bild 72

Zwischen den Transistoren T 4 und T 5 befinden sich der Sprache-Musikschalter, der Lautstärkeeinsteller, der Mono-Stereo-Umschalter und der Phasenschalter. Mit Hilfe der RC-Glieder C 19/R 24 und C 20/R 25 erreicht man in gedrückter Stellung des Kontaktsatzes „Musik" eine Dämpfung von 20 dB, beginnend bei 1 kHz. Der Monoschalter führt in Monostellung die Tonspannung des linken Kanals auch dem rechten Kanal zu. Beide arbeiten also mit gleicher Ansteuerung. Der Phasenschalter vertauscht schließlich bei Stereo beide Kanäle, aus rechts wird links und umgekehrt.

Zwischen den Transistoren T 5 und T 6 erkennt man das Einstell-Netzwerk für die Höhen- und Tiefenbeeinflussung, das dem Praktiker (in hochohmiger Ausführung) dem Prinzip nach seit langem von Röhrenschaltungen her bekannt ist. Im Emitterkreis des Transistors T 6 liegt der Balanceeinsteller, sein Prinzip ähnelt der Anordnung von Bild 59.

Zwischen der anschließenden Treiber-Baugruppe RST 30 TR und der Klangeinstellgruppe sitzt der Laut-Leiseschalter. In Stellung „leise" bewirkt das Netzwerk C 34/R 46/C 35/R 45 nicht nur die gewünschte Dämpfung, sondern es hebt auch die Höhen und Tiefen gehörrichtig an. In manchen Industrieverstärkern trägt die Umschalttaste die Bezeichnung „Intim", „Loudness" oder ähnlich.

Der Treibertransistor T 7 steuert die Komplementärtransistoren T 8/T 9 gleichphasig an, von denen T 8 nur die negativen, T 9 nur die positiven Halbwellen verstärkt, und die in gleicher Weise die Komplementär-Endstufe T 10/T 11 ansteuern. Mit dem Potentiometer R 51 stellt man den Endstufen-Ruhestrom auf 20 mA ein, und mit R 41 wird die Endstufe symmetriert. Die Diode Z 3 verhindert ein unzulässiges Ansteigen des Kollektorruhestromes.

Als besonderer Kniff kann die positive Rückkopplung über den Widerstand R 53 gelten. Sie führt zu einem sogenannten „negativen" Ausgangswiderstand des Verstärkers, der die angeschlossenen Lautsprecher zusätzlich elektrisch bedämpft und unerwünschte Ein- und Ausschwingvorgänge der Membrane unterdrückt.

Bild 73. Blick unter das Chassis des RST 30

Der Netzteil ist sehr reichlich bemessen, ... einmal, damit die Versorgungsspannungen auch bei Spitzenlast nicht zusammenbrechen, dann aber auch hinsichtlich der Brummfreiheit. Die Kapazität der Ladekondensatoren beträgt zusammen nicht weniger als 10 000 μF. Einige Besonderheiten, die man nicht auf den ersten Blick erkennt, sollen noch erwähnt werden: Für einen niedrigen Innenwiderstand des Netzteils sorgt ein Brückengleichrichter, die Hf-Schutzkondensatoren C 8/C 9 entkoppeln gegen Hf-Einstrahlungen über das Lichtnetz, und der Widerstand R 58 entlädt beim Ausschalten den Ladekondensator C 14, um unerwünschtes „Nachklingen" infolge der hohen Kapazität zu unterdrücken. **Bild 73** vermittelt einen Einblick in ein von einem Praktiker nachgebautes Gerät. Man sieht, daß es einen durchaus kommerziellen Eindruck macht.

d) Röhren-Endverstärker mit 2 x 17 W und Vorverstärker

Damit in der soeben behandelten Leistungsklasse auch die Anhänger von Röhrenschaltungen zu ihrem Recht kommen, sei

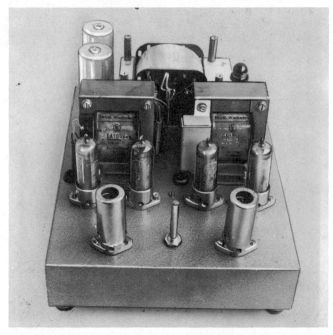

Bild 74. Selbstgebauter Röhren-Endverstärker mit 4 x EL 84

ein vom Verfasser gebauter Endverstärker beschrieben **(Bild 74)**, der mit vier Endröhren EL 84 bestückt ist, je Kanal etwas über 17 W leistet und der ursprünglich zum Einbau in einen sehr großen Tiefton-Lautsprecherschrank für gemeinsame Baßwiedergabe bestimmt war. An diesen wurden die räumlich recht kleinen Basisstrahler für Mittel- und Hochtonwiedergabe über entsprechende Kabel angesteckt. Der Eingangs-Spannungsbedarf liegt bei 1 V, weshalb dazu ein abseits aufzustellender Vorverstärker mit Klangeinstellern für Höhen und Tiefen gebaut wurde.

Die Schaltung **(Bild 75)** lehnt sich stark an eine Grundig-Entwicklung an; sie wurde für den Nachbau auf die Bestückung mit handelsüblichen Bauelementen umbemessen. Beide Kanäle sind völlig gleich gehalten, so daß entweder mit zwei ebenfalls gleichen Lautsprechergruppen oder unter Zuhilfenahme einer Stereo-Lautsprecherweiche mit zwei gleichen Mittel-/Hochtönern (Basislautsprechern) und einem gemeinsamen Tieftonsystem gearbeitet werden kann. Zu diesem Zweck sind drei Lautsprecher-Buchsen vorgesehen.

Beim Studium von Bild 75 wird dem aufmerksamen Leser ein Zeichenkniff auffallen, den der Verfasser bei Schaltbildern eigenen Entwurfs anwendet, der sich gut bewährt hat und den sich in letzter Zeit auch einige Industriefirmen zu eigen machten: Die Kondensatoren und Widerstände des Rechtskanals sind fortlaufend von 1 ab beziffert (z. B. R 12) und die entsprechenden im Linkskanal tragen eine um hundert größere Kennziffer (z. B. R 112). Deshalb erkennt man sofort, welche Bauteile in beiden Kanälen die gleichen Aufgaben erfüllen. Widerstände und Kondensatoren, die für beide Kanäle gemeinsam nötig sind, werden beginnend mit 201 beziffert. Das erweist sich als recht übersichtlich, und wir weichen von dieser Regel in diesem Buch nur dann ab, wenn es sich um Industrie-Schaltungen handelt und die Bezeichnungen aus den Original-Fabrikschaltbildern übernommen sind.

Die vier Endröhren arbeiten mit fester Gittervorspannung (B-Schaltung), die aus einer 16-V-Wicklung des Netztransformators entnommen, mit einer Silizium-Diode SD 30 gleichgerichtet und mit C 201/C 202 sowie R 204 geglättet und gesiebt wird. R 203 stabilisiert diesen Stromversorgungteil und R 205/R 206 gestatten das Einstellen der vorgeschriebenen Gittervorspannung von − 9,5 V (kann nur mit hochohmigen Röhrenvoltmetern gemessen werden !). Eine Besonderheit bilden die Katodenwiderstände R 19/R 20 und R 119/R 120, an denen je weitere rund 2,5 V Gittervorspannung erzeugt werden und die dazu bestimmt sind, die unvermeidlichen Streuungen in den Röhrendaten auszugleichen. Im nichtbesprochenen Zustand fließt bei richtig eingestelltem R 206 ein Anodenruhestrom von je ca. 25 mA. Bedingung ist, daß der im Mustergerät benutzte Netztransformator Verwendung findet, der an C 204 rund 310 V Gleich-

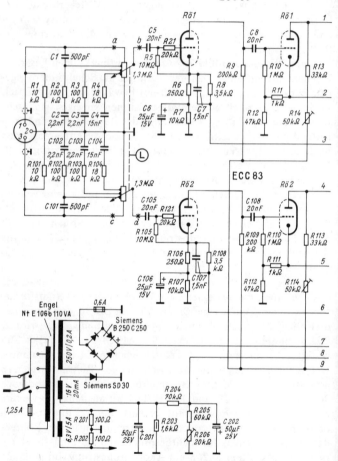

Bild 75. Die Schaltung des selbstgebauten Endverstärkers (Stecker nach alter Norm)

114

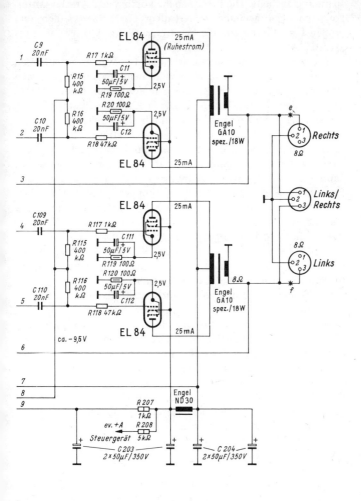

zu Bild 75

spannung aufbaut. Die beschriebene kombinierte Art der Gitter-vorspannungs-Erzeugung sichert dem Gerät bei kleinen und großen Lautstärken einen sehr geringen Klirrfaktor von weniger als 1 %.

Die verhältnismäßig einfache Gesamtschaltung enthält noch weitere Kniffe, die alle zusammen zu dem genannten günstigen Wert beitragen. Die zweiten Systeme der beiden Doppelröhren ECC 83 dienen zur Phasenumkehr in Katodynschaltung. Diese Anordnung zeichnet sich zwar durch ihre Unkompliziertheit aus, aber dem Kenner sind trotzdem zwei grundsätzliche Nachteile bekannt. Die in den Katodenkreisen liegenden Teile der Arbeitswiderstände, nämlich R 12 und R 112, liefern höchstens dann die gleichen Steuerspannungen an die jeweils „unteren" Endröhren, wenn sie auf wenige Prozent genau mit den Anodenwiderständen übereinstimmen. Deshalb wurden letztere in die Festwiderstände R 13/R 113 in Reihenschaltung mit den Einstellern R 14/R 114 aufgeteilt. Bei der Inbetriebnahme werden dann R 14 und R 114 so eingestellt, daß an den Gegentaktgittern je Kanal genau gleich große Spannungen auftreten (Kontrolle mit Röhrenvoltmeter vornehmen!).

Ein weiterer Nachteil von nicht besonders ausgefeilten Katodynstufen ist, daß infolge ihrer ungewöhnlich kräftigen inneren Gegenkopplung der Innenwiderstand am Katodenkreis sehr viel niedriger als der im Anodenkreis ist. Das führt zu ungleichen Gitterströmen bei den Endröhren und bei Aussteuerung bis zur Maximalgrenze. Deshalb werden die Innenwiderstände künstlich aneinander angeglichen, und zwar dadurch, daß die jeweils obere Endröhre einen Gittervorwiderstand von 1 kΩ, die untere von 47 kΩ erhält. Weil dann bei Spitzenaussteuerung gleich große Gitterströme entstehen, erstreckt sich die bekannte verzerrungsmindernde Wirkung der Gegentaktschaltung auch auf diesen Spezialfall, was zu klirrarmer Wiedergabe bis an die Übersteuerungsgrenze führt.

Die Gegenkopplungsspannungen gelangen über R 8/R 108 zu den Katoden der Vorröhren und werden an R 6/R 106 wirksam. C 7/C 107 sowie R 21/R 121 unterdrücken vorzeitige Selbsterregung. R 7/C 6 und R 107/C 106 haben nichts mit der Gegenkopplung zu tun. Die Glieder legen die Röhrensysteme nur gleichstrommäßig „hoch", damit die maximal zulässigen Betriebsspannungswerte eingehalten und die Röhren geschont werden.

Im Netzteil fallen die für den völlig brummfreien Betrieb verantwortlichen und die Anodenspannung bei Lastspitzen (hohe Lautstärke = großer Anodenstrom) stabilisierenden großen C-Werte von 100 μF bzw. 2 x 50 μF auf. Vielleicht erregen auch R 201 und R 202 Verwunderung. Beide Widerstände wirken wie ein Entbrummpotentiometer; sie wurden diesem vorgezogen, weil sie billiger sind und den gleichen Dienst verrichten.

Das beschriebene Mustergerät war längere Zeit in einem großen Studio-Abhörschrank untergebracht, der den für beide Kanäle gemeinsamen Tieftöner enthielt und als einzigen Bedienungsgriff mit einem Knopf für den Lautstärkeeinsteller L versehen war. Diese von den Gepflogenheiten für Heimanlagen abweichende Gliederung zwang dazu, daß der Lautstärkeeinsteller auf dem Endverstärker untergebracht ist und über eine biegsame Welle betätigt wird. Man kann ihn ebensogut weglassen und die Punkte a–b bzw. c–d in der Schaltung durchverbinden. Dann muß allerdings im Steuergerät, das wir anschließend besprechen, das gleiche Potentiometer mit seinen RC-Zapfpunkt-Gliedern wie in Bild 75 vorhanden sein.

Die Glieder R 2/C2, R 3/C 3, R 4/C 4 sowie die korrespondierenden im Linkskanal bewirken die Baßanhebung für die gehörrichtige Lautstärke-Einstellung. C 1 und C 101 verursachen eine zusätzliche Höhenanhebung bei kleinen Lautstärken. Dagegen haben R 1/R 101 nichts mit dem Lautstärkeeinsteller zu tun. Diese Widerstände machen den Eingang mittelohmig und verhindern allzu starkes Brummen, wenn man einmal vergißt, das Kabel zum Vorverstärker anzustecken. Sie dürfen aber nur eingebaut werden, wenn der vorgeschaltete Steuerteil einen Katodenausgang mit einem Auskopplungskondensator von mindestens 1 μF aufweist.

Wenn für jeden Kanal eine eigene Allton-Lautsprecherkombination (getrennte Boxen) vorgesehen ist, benutzt man zweckmäßig die mit „Rechts" und „Links" bezeichneten Steckvorrichtungen. Weil am zugehörigen Rechtsstecker der Anschluß 3 und am Linksstecker der Anschluß 1 frei bleiben, kann man sich beim Einstecken der Lautsprecherkabel niemals irren. Hat man sie nämlich verwechselt, so bleibt die Anlage stumm. Die mittlere mit „Links/Rechts" bezeichnete Buchse ist vorwiegend dazu bestimmt, über eine Stereo-Weiche nach **Bild 76** einen gemeinsamen Tieftöner anzuschließen. Für die vorgeschriebene Trennfrequenz von rund 300 Hz kommen bei den üblichen Lautsprechersystemen mit 4 bis 10 Ω (evtl. 15 Ω) Schwingspulenwider

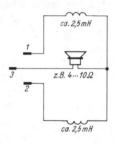

*Bild 76. Stereo-Weiche zur
Speisung eines gemeinsamen
Tieftöners*

stand Drosseln mit je 2,5 bis 3 mH in Betracht. Weil man dann von den rechts und links stehenden kleinen Basislautsprechern die Tiefen fernhalten muß, sind sie über Trennkondensatoren (Elektrolyt, ungepolte Ausführungen) anzuschließen. Für 4-Ω-Schwingspulen und ähnliche Werte bewähren sich 100 µF. Dabei gilt es, aufzupassen, denn die Industrie liefert spezielle Basislautsprecher in denen diese Kondensatoren bereits enthalten sind. Im genannten Fall braucht man sich nicht mehr darum zu kümmern; wo sie fehlen, müssen sie jedoch bei den Punkten e und f in die Verdrahtung des Verstärkers nach Bild 75 eingefügt werden. Macht das Beschaffen ungepolter Kondensatoren (Betriebsspannung 50 V) Schwierigkeiten, so kann man zwei Einzelstücke doppelter Kapazität mit ihren gleichnamigen Polen nach **Bild 77** in Reihe schalten, wodurch sich ein ungepoltes Aggregat ergibt.

Häufig wird nach den L- und C-Werten für abweichende Schwingspulenwiderstände gefragt. Generell sei hierzu bemerkt, daß das Ohr kaum einen Unterschied feststellt, wenn man 100 µF/2,5 mH beibehält, auch wenn die Schwingspulenwerte bis zu 15 Ω betragen. Aber wer genau sein will, kann sich folgende Regel merken: Doppelter Schwingspulenwiderstand verlangt halbe Kapazität und doppelte Selbstinduktion, bei halbem Schwingspulenwiderstand ist es umgekehrt.

Bild 77. Zusammenschalten zweier polarisierter Elektrolytkondensatoren zu einem „ungepolten" Aggregat

Ähnlich „nachsichtig" kann man den etwas ungewohnten Ausgangswert von 8 Ω bei den verwendeten Hi-Fi-Ausgangsübertragern beurteilen. Weil Fehlanpassungen im Verhältnis zwischen 1 : 0,5 und 1 : 2 zulässig sind, ohne daß das Ohr Nachteile hört, können auch Lautsprecher mit 4 Ω und 15 Ω Schwingspulenwiderstand Verwendung finden. Der Hersteller war zu diesem Kompromiß gezwungen, weil bei der hochwertigen verschachtelten Wickelweise keine Zapfpunkte angebracht werden können.

Der Aufbau des Endverstärkers erfolgt auf einem vierseitig abgekanteten und 27 cm x 22 cm x 5 cm großen Chassis aus 1-mm-Eisenblech. **Bild 78** zeigt die Teileanordnung unter dem Chassis. Wenn man sich bemüht, genau wie beim Mustergerät beide Kanäle weitgehend übereinstimmend aufzubauen, dann ist auch jede abweichende Bauweise zulässig, ohne daß man unangenehme Überraschungen zu befürchten hat.

Die Schaltung eines einfachen passenden Steuerteiles mit niederohmigem Ausgang ist in **Bild 79** wiedergegeben. Bei a–b und c–d kann das Lautstärkeregler-Aggregat aus Bild 75 eingefügt werden. Der Schalter Mo bewirkt im geschlossenen Zustand Monowiedergabe, wobei er beide Kanäle parallelschaltet. Bal ist der Balanceeinsteller, dessen Wirkungsweise bereits eingehend an Hand von Bild 59 erläutert wurde.

Die beiden ersten Triodensysteme dienen zur Vorverstärkung, um die in den Entzerrungsgliedern entstehende Dämpfung

Bild 78. Unteransicht des Verstärkers nach Bild 74

auszugleichen. Die Funktion des Höheneinstellers H und des Tiefeneinstellers T darf als bekannt gelten, und selbstverständlich sitzen die Potentiometer für H und die für T auf gemeinsamen Achsen. Die rechts gezeichneten Triodensysteme arbeiten als Impedanzwandler, die die zum Endverstärker führende Leitung niederohmig und brummsicher machen. Die Auskopplung der Tonspannung erfolgt über C 8/C 108, die mit je 25 μF mehr als ausreichend groß bemessen sind. R 10 und R 110 sorgen dafür, daß die beiden eben erwähnten Elektrolytkondensatoren dauernd nachformiert werden und nicht vorzeitig an Kapazität verlieren.

120

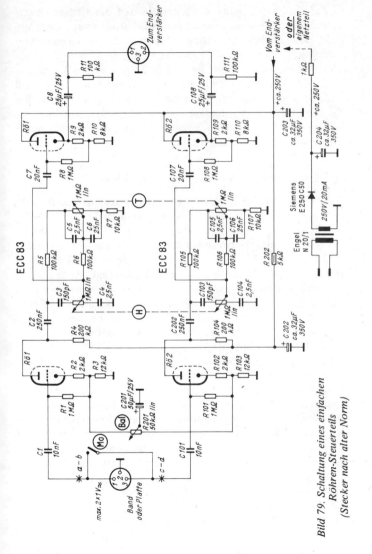

Bild 79. Schaltung eines einfachen Röhren-Steuerteils (Stecker nach alter Norm)

121

Zur Stromversorgung kann der Netzteil des Endverstärkers herangezogen werden, obwohl man aus Gründen der „konstruktiven Sauberkeit" ein eigenes Netzteil im Steuergerät vorziehen sollte. Ein solches kann sehr billig sein, weil dafür ein Kleinsttransformator mit 1 x 250 V/20 mA und 6,3 V/0,8 A (z. B. Engel N 20/1) sowie ein Trockengleichrichter 250 V/20 mA mehr als ausreichen. Man kann sich ferner überlegen, die Netzeinschaltung des Endverstärkers zusammen mit der des Steuerteiles durchzuführen, so daß hier alle Bedienungselemente auf kleinem Raum vereinigt sind.

e) Transistor-Hi-Fi-Verstärker mit 2 x 30 W

Der Hi-Fi-Verstärker ES 20 von Klein + Hummel zählt qualitativ zur Spitzenklasse industriell hergestellter Geräte **(Bild 80)**. In allen Punkten erfüllt er die Hi-Fi-Norm DIN 45 500; er übertrifft sie sogar teilweise. In der Konstruktion fällt angenehm auf, daß man sich auf jene Bedienungselemente und Schaltungsdetails beschränkte, die wirklich erforderlich sind; ein Spaßvogel bezeichnete einmal Verstärker dieser Art als „führerscheinfrei". Hierzu einige nachdenkliche Bemerkungen, die nicht als Kritik gedacht sind, die aber vielleicht dem Leser bei der Auswahl unter fertigen Verstärkern ober bei Eigenentwürfen manche Entscheidung erleichtern.

Ein so umfangreiches Gerät wie ein Stereoverstärker verlockt ganz offensichtlich zum Einbau aller möglichen Schaltungs-Raffinessen, aber mit zunehmender Zahl von Schaltern und Knöpfen wächst auch die Möglichkeit von Falschbedienungen. Der Verfasser hat bei Freunden manchen Verstärker gesehen, bei dem Rechts- und Linkskanal vertauscht waren, weil einmal jemand stolz den Phasenschalter vorführte und vergessen hatte, ihn wieder in die Normalstellung zu legen. Wenn man einmal bei der Inbetriebnahme die Stecker von Lautsprecher und Tonquellen in die richtigen Buchsen eingeführt hat, braucht man eigentlich diesen Schalter nicht mehr.

Ähnliches gilt für ein Rumpelfilter. Moderne Phonogeräte arbeiten praktisch rumpelfrei, und wer über einen solchen neu-

Bild 80. Hi-Fi-Stereoverstärker ES 20 von Klein + Hummel

zeitlichen Plattenspieler verfügt, kann sich das Rumpelfilter bedenkenlos schenken. Ein Rauschfilter ist dagegen kein Luxus, weil nicht nur bei der Plattenwiedergabe, sondern auch bei Tonband und Rundfunk noch kein Kraut gegen restliches Rauschen gewachsen ist. Richtig bemessene Rauschfilter, die z. B. oberhalb von 6 000 Hz steil mit 10 dB je Oktave abschneiden, können für das Ohr ein wahrer Segen sein, weil sie das verbleibende Klangspektrum nahezu unverändert lassen, lästiges Knistern und hohes Zischen aber abschneiden.

Über den Wert von Mikrofoneingängen bei einem Stereoverstärker kann man gleichfalls recht verschiedener Meinung sein. Hand aufs Herz: Wer überträgt schon mit seiner Heimanlage ein Stereo-Mikrofon-Programm? Die Mikrofoneingänge gehören an das Tonbandgerät, an dem sie sowieso vorhanden sind. Ganz ausgepichte Fans schalten sogar noch vor ihr Bandgerät ein Mischpult für mehrere Mischeingänge, das vielleicht zusätzlich noch mit einem Richtungsmischer versehen ist.

Pegel-Voreinsteller sind eine sehr angenehme Zugabe, sofern der Verstärker über zahlreiche Eingänge verfügt, wie z. B. das Gerät nach Bild 72. Beim erfahrungsgemäß schwächsten Signal, beim genannten Gerät sind das die Mikrofone, darf dort der Voreinsteller entfallen, weil man mit den verbleibenden Einstellern die Pegel der übrigen Quellen auf den im Vorverstärker angehobenen Mikrofonpegel herabdämpfen kann. Beim Verstärker ES 20 gibt es nur drei Eingänge ohne Voreinsteller. Warum? In der gewählten Schaltung, die nur über Eingänge für Platte, Radio und Band verfügt und die wir gleich anschließend näher betrachten wollen, orientiert man den Pegel ebenfalls nach dem Signal des Plattenspielers. Aber wie? Die Ausgangsspannung des Bandgerätes wird mit dem darin enthaltenen Lautstärkeeinsteller bestimmt, und im zugehörigen Tuner ET 20 befindet sich ein Pegeleinsteller.

Im Phonoeingang (Bild 81) überrascht zunächst, daß beide Eingangsbuchsen für Kristall- und Magnettonabnehmer über Spannungsteiler auf den gleichen Vorverstärker mit den Transistoren T 1 und T 2 geschaltet sind. Das erscheint deshalb so merkwürdig, weil dieses Transistoren-Paar über das frequenzabhängige Netzwerk R 10/C 5/R 11/C 6/R 12/R 13/C 2/R 6 so gegengekoppelt ist, daß die erforderliche Tiefenanhebung für Magnetsysteme entsteht. Demgegenüber steht die Erfahrung, daß Kristallsysteme einen wesentlich höheren Pegel als magnetische Tonabnehmer abgeben und daß sie weder Entzerrung noch Vorverstärkung brauchen. Des Rätsels Lösung: Kristallsysteme haben einen hochohmigen kapazitiven Innenwiderstand. Der Innenwiderstand ist also frequenzabhängig und bei den Tiefen sehr hoch, bei den Höhen wird er immer niedriger. Belastet man einen solchen Tonabnehmer statt mit dem üblichen 1 MΩ mit einem niedrigeren Wert, so gehen die Bässe sehr stark zurück, während die Höhen mit steigender Frequenz immer weniger beeinflußt werden. Die Parallelwiderstände R 1 und R 101 sind so gewählt, daß die verbleibende Frequenzkurve amplitudenproportional verläuft, also der eines magnetischen oder dynamischen Systems entspricht. Die Vorwiderstände R 2 und R 102 bilden schließlich mit dem dynamischen Eingangswiderstand des Vorverstärkers einen Spannungsteiler, an dessen Ausgang (= Kondensator C 1) die gleichen Spannungs- und Kennlinien-Verhältnisse herrschen, ganz gleich, ob man bei Buchse Bu 2 ein Kristallsystem oder bei Bu 1 ein magnetisches ansteckt. Beide Systeme können also ohne besondere Umschalteinrichtung den gleichen Vorverstärker ansteuern.

Die Eingangsumschaltung mit den Tasten Phono-Radio-Band ist leicht zu überschauen, aber man muß sich doch ein wenig Zeit beim Betrachten lassen. Die Tasten *Phono* und *Radio* lösen sich gegenseitig aus und schalten entweder das vorverstärkte Signal von Buchse Bu 1/Bu 2 oder das von Bu 3 über den Kontaktsatz S 3 zum Lautstärkeeinsteller P 1 und zu einem Spannungsteiler R 15/R 16. Von diesem zweigt es zu den Aufsprechkontakten des Tonbandbuchse B 4 ab, so daß über die Anlage laufende Rundfunk- oder Schallplattendarbietungen mitgeschnitten werden können, ohne daß Lautstärke- und Klangeinsteller sowie das Höhenfilter darauf einen Einfluß ausüben.

Die Taste *Band* ist sehr trickreich geschaltet. In der gezeichneten Stellung ist der Wiedergabeausgang des angeschlossenen Bandgerätes kurzgeschlossen. Drückt man auf die Taste *Band*, so schaltet ihr rechter Kontakt das gewählte Programm (Platte oder Radio) vom Lautstärkeeinsteller P 1 ab, er läßt es aber am Aufsprech-Spannungsteiler R 15/R 16 unverändert liegen. Der linke Kontakt von S 3 legt dafür den restlichen Teil der Anlage auf Tonband-Wiedergabe, so daß man durch wiederholtes Betätigen der Bandtaste „vor" und „hinter Band" abhören und die Aufzeichnungsqualität vergleichen kann (=Hinterbandkontrolle).

Klein + Hummel nennen den Schalter, der das Netzwerk R 17/C 9/C 10/R 18 zur gehörrichtigen Lautstärkeeinstellung wahlweise an den Zapfpunkt des Potentiometers P 1 legt, *Contour*. Das Netzwerk sorgt dafür, daß bei niedrigen Lautstärken Bässe und Höhe spiegelbildlich zur Gehörkurve angehoben werden, damit man auch bei Zimmerlautstärke ein ausgewogenes Klangbild erhält.

Zwischen den Transistoren T 3 und T 4 befinden sich die Potentiometer zum Anheben und Absenken der Höhen und Bässe. Sie dienen zur sogenannten *Geschmacksentzerrung* und werden wegen ihrer Kurvenform im Labor-Jargon häufig als *Kuhschwanzentzerrer* bezeichnet.

Der Schalter S 6 setzt das aus den RC-Gliedern R 31/C 21 und R 32/C 22 bestehende und steil abschneidende Höhen- oder Rauschfilter in Betrieb. Der Kontakt S 5 bewirkt die Mono-

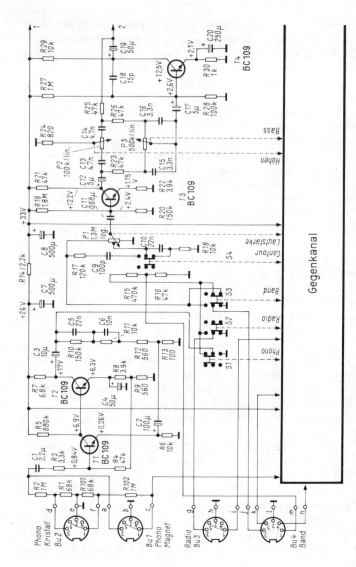

126

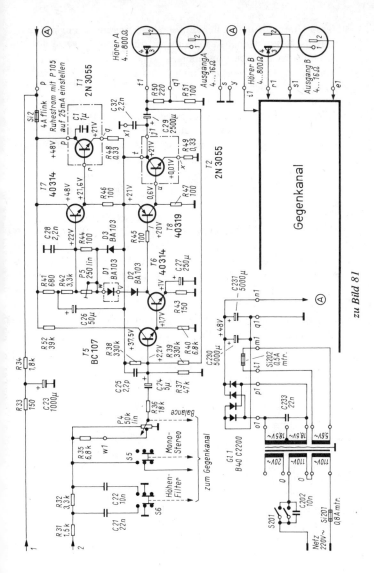

zu Bild 81

Stereo-Umschaltung in bekannter Weise, indem er beide Kanäle parallelschaltet. Genauso bekannt ist die Wirkungsweise des anschließenden Balance-Einstellers.

Vom hierauf folgenden Treiber- und Endstufenteil sei nur das erwähnt, was nicht sofort zu erkennen ist, es betrifft die Dioden D 1 bis D 3.

Die Dioden D 1 und D 2 dienen zur thermischen Stabilisation. Die Änderung ihres Durchlaßwiderstandes in Abhängigkeit von der Umgebungstemperatur stabilisiert den Ruhestrom der Endstufe. Außerdem bewirken sie eine Stabilisation der Basis-Gleichspannung bei Betriebsspannungs-Schwankungen.

Die Schutzdiode D 3 hat folgende Aufgabe: Bei versehentlichem Kurzschluß im Ausgang entsteht in der gleichstromgegengekoppelten Endstufe eine Potentialverschiebung, die augenblicklich den Durchlaßwiderstand von Diode D 3 herabsetzt. Dieses Herabsetzen dämpft die Treiberspannung am Kollektor des Transistors T 6 und verringert die Aussteuerung der Endstufe auf einen ungefährlichen Wert. Das hat sich in der Praxis und bei kurzzeitigen Kurzschlüssen gut bewährt, indem es Überlastungen und Transistorausfälle verhindert.

Zum Abrunden des Eindruckes über dieses Gerät nennt die Tabelle einige technische Daten.

Technische Daten ES 20

Sinusleistung	2 x 30 W
Musikleistung	2 x 45 W
Klirrfaktor	0,3 % bei Nennleistung
Intermodulation	unter 1 % bei Nennleistung
Leistungsbandbreite	20 Hz . . . 20 kHz (1 %)
Frequenzbereich	10 Hz . . . 40 kHz −2 dB
Phonoentzerrer	RIAA/CCIR
Basseinsteller	± 14 dB bei 30 Hz
Höheneinsteller	± 16 dB bei 20 kHz
Balanceeinsteller	0 . . . voll
Fremdspannungsabstand	85 dB

Übersprechdämpfung	50 dB/1 kHz
Dämpfungsfaktor	ca 40 dB (entspr. Ri = 0,04 Ω)
Rauschfilter	10 dB/Oktave ab 6 kHz

f) Sehr billiger Stereoverstärker mit nur zwei Röhren

Vor einigen Jahren brachte die Röhrenindustrie Verbund-Endpentoden auf den Markt, die den Entwurf besonders preiswerter kleiner Stereoverstärker und Stereo-Empfänger-Nf-Teile erlauben. Für den Selbstbau eröffnen sich damit ebenfalls interessante Möglichkeiten. Mit den Röhren ELL 80 und ECC 808 in der Vorstufe läßt sich mit nur zwei Röhren ein vollständiger Stereoverstärker aufbauen, der 2 x 3 Watt leistet und über getrennte Höhen- und Tiefeneinstellung verfügt. Bei der in Wohnräumen erforderlichen mittleren Aussteuerungen steigt der Klirrfaktor kaum über 1 % an.

Bild 82 zeigt die Schaltung, allerdings in einer etwas anderen Version. Hier wird angenommen, daß es sich um den Nf-Teil eines Rundfunkgerätes handelt, bei dem das Triodensystem der ohnehin vorhandenen Nf-Verbund-Vorröhre EABC 80 im unteren Kanal als Vorröhre arbeitet. Für den oberen Kanal wird die preiswerte EBC 91 benutzt, deren Dioden an Masse liegen, also nicht in Betrieb sind. Weil die obere Triode steiler (Fabrikdaten!) als die untere ist, setzt das stark eingezeichnete RC-Glied die Vorverstärkung auf den Wert des unteren Kanals herab.

Wer nicht auf vorhandene Vorröhren Rücksicht nehmen muß, also den Verstärker neu aufbaut, läßt das Korrekturglied weg (kurzschließen) und benutzt zwei gleiche Triodensysteme. Hierzu eignet sich die neuere Doppelröhre ECC 808, die sich durch hohe Übersprechdämpfung auszeichnet.

Wie leicht zu erkennen ist, führt je ein Gegenkopplungsweg von den Ausgangsübertragern (10 kΩ Anpassung an der Primärseite) zu den Fußpunkten der Lautstärkeeinsteller, die über ihre Zapfpunkte gehörrichtig entzerrt sind. Diese Gegenkopplung ist so bemessen, daß zunächst einmal Tiefen und Höhen bevorzugt werden. Mit den Einstellern T und H lassen sie sich so abschwä-

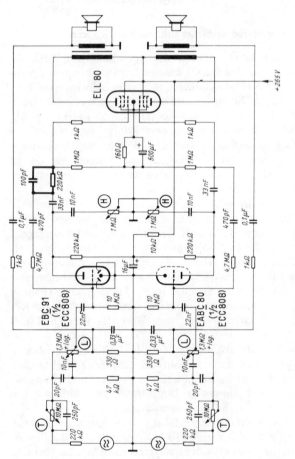

Bild 82. Einfacher 2-Röhren-Stereoverstärker. Bei Verwendung der Verbundröhre ECC 808 an Stelle der beiden Triodensysteme entfällt das stark gezeichnete RC-Glied, es ist durch eine Kurzschlußbrücke zu ersetzen

130

chen, daß in Mittelstellung normale Wiedergabe, in der einen Endstellung geschwächte, in der anderen angehobene Verstärkung der genannten Tonbereiche erfolgt. Je einen weiteren Gegenkopplungsweg, der die Verzerrungen in den Vorstufen klein hält, bilden die Glieder 470 pF/4,7MΩ zwischen den Gitterkreisen der Endröhre ELL 80 und denen der Vorröhren.

g) Transistor-Mischpult für Heimstudio und Diskothek

Ein sehr dankbares Objekt für den Selbstbau ist das Stereo-Mischpult M 6 S (**Bild 83**), weil das Angebot an fertigen Geräten dieser Art recht spärlich ist. Sämtliche Teile sind bei der Entwickler-Firma (Radio-Rim) in Form eines Bausatzes erhältlich. Das Gerät ist zum Mischen von sechs Stereoquellen eingerichtet. Vier davon können niederpegelig sein, weil die ersten vier Kanäle eigene und getrennte Vorverstärker mit Mikrofonempfindlichkeit enthalten. Vier Mikrofon-Paare wird man wohl nur ganz selten brauchen, allenfalls bei komplizierten Hörspielen, aber immerhin, die Anschlußmöglichkeit besteht. Diese Vorverstärker sind aber kein Luxus. Macht man durch Betätigen eines Schalters ihren Gegenkopplungsweg frequenzabhängig, verwandelt man also den linearen Mikrofonvorverstärker in einen Vorentzerrer, so lassen sich auch dynamische oder magnetische Hi-Fi-Phonogeräte anschließen.

Die beiden anderen Kanäle sind für hochpegelige Stereoquellen eingerichtet, z. B. für Kristalltonabnehmer, Tuner und Tonbandgeräte. Profilpotentiometer erlauben auch bei stundenlangem Betrieb (Hörspielproben und -aufnahmen, Diskothek) ein ermüdungsfreies Arbeiten.

Vier weitere Rundpotentiometer dienen zur Summeneinstellung, zum Beeinflussen von Höhen und Tiefen und zur Kanalbalance. Die getrennten Aussteuerungsmesser für jeden Kanal erlauben ein studiogerechtes Arbeiten, ein Kontrollausgang gestattet das Mithören über einen Stereo-Kopfhörer, und natürlich gibt es auch einen getrennten Ausgang für Tonträger-Mitschnitte. Der eigentliche niederohmige Steuerausgang liefert 0,775 V, er ermöglicht den Anschluß von praktisch beliebig

Bild 83. Stereo-Mischpult M 6 S mit sechs Mischeingängen

vielen Leistungsverstärkern in Kanal-Parallelschaltung, und damit liefert er im Bedarfsfall die Steuerspannung für Beat-Schuppen, in denen Sprechleistungen im Kilowatt-Format zu verarbeiten sind.

Bild 83 zeigt übrigens eine Sonderausführung des Mischpultes mit angebautem Schwanenhals-Mikrofon. Beim Diskothek-Betrieb kann es für den Disk-Jockey fest oder steckbar auf einen der vier ersten Eingänge geschaltet werden, im Heimstudio dient es als Kommando-Mikrofon, das über einen getrennten Monoverstärker Anweisungen des „Tonmeisters" an die Mitwirkenden vor den Stereo-Mikrofonen übermittelt. Hierbei erweist sich ein Schaltungskniff als nützlich: Die Kommandotaste, die das Regiemikrofon einschaltet, verhindert mit einem weiteren Kontaktsatz, daß etwa bei der Regie eingeschaltete Mithörlautsprecher Anlaß zur akustischen Rückkopplung geben.

Bevor wir uns näher mit der Schaltung dieses Mischpultes befassen, ist es angebracht, seine technischen Daten näher zu betrachten.

Mischeingänge I bis IV	2,5 . . . 10 mV max. nieder- oder hochohmig bei Mikrofonen, nach Umschaltung desgl. bei dynamischen oder magnetischen Hi Fi-Phonogeräten
Mischeingänge V und VI	250 mV hochohmig oder niederohmig
Frequenzbereich	20 Hz . . . 20 kHz ± 1,5 dB
Klirrfaktor	unter 1 % bei Vollaussteuerung
Höheneinsteller	± 15 dB bei 15 kHz
Baßeinsteller	± 21 dB bei 30 HZ
Balanceeinsteller	6 dB
Tonbandausgang	20 mV
Steuerausgang	0,775 niederohmig
Netzanschluß	110 und 220 V / 10 VA

Die Schaltung **(Bild 84)** ist recht gut zu übersehen, weil sie aus Baugruppen besteht. Das sind Teilplatinen, die der Praktiker entsprechend bestücken muß. Als Besprechungs-Muster mag uns die obere Hälfte (= linker Kanal) der Vorverstärker-Baugruppe M 6 S-VV dienen. Vom Eingangskondensator C 1 erreicht das Signal die Basis des Transistors T 1, an den sich galvanisch gekoppelt die Stufe T 2 anschließt. Über Kollektor und Basis von Transistor T 1 liegen 100 pF, sie unterdrücken unerwünschtes Schwingen bei sehr hohen Frequenzen (= Stufen-Gegenkopplung bzw. Neutralisation). Die vom Emitterstrom des zweiten Transistor erzeugte Spannung an den Widerständen R 6/R 7 bestimmt über den Widerstand R 1 den Arbeitspunkt des ersten Transistors. Dadurch erreicht man eine hohe thermische Stabilität der Schaltung bei geringem Einzelteilaufwand, denn der eigentlich erforderliche Spannungsteiler der zweiten Stufe und ihr Kopplungskondensator fehlen.

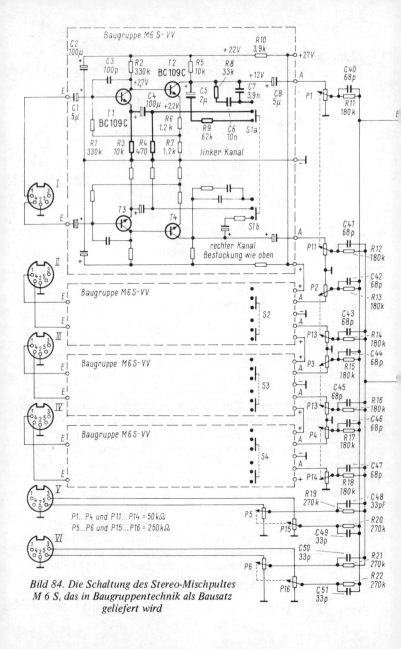

Bild 84. Die Schaltung des Stereo-Mischpultes M 6 S, das in Baugruppentechnik als Bausatz geliefert wird

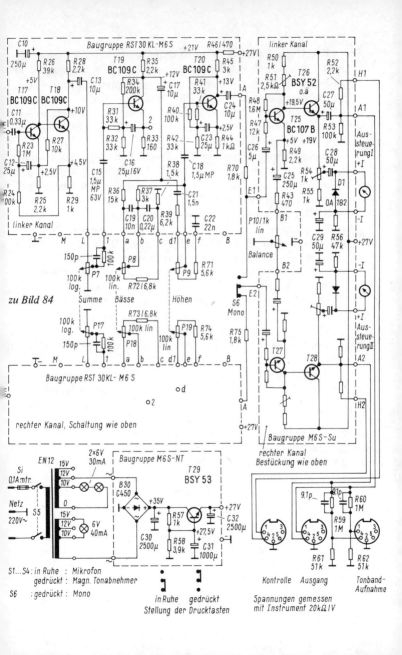

zu Bild 84

Der Universal-Kniff dieser Baugruppe ist der stark eingezeichnete Gegenkopplungsweg. In der gezeichneten Stellung ist er frequenzunabhängig und dient nur zur Frequenz-Linearisierung. Beim Betätigen des Schalters S 1 wird er dagegen frequenzabhängig und bewirkt die erforderliche Tonabnehmer-Entzerrung. Es sei wiederholt: Diese ist nur bei dynamischen und magnetischen Systemen erforderlich.

Die Ausgangsspannungen der Kanäle I bis VI gelangen über die Entkopplungs-Längswiderstände R 11 bis R 22 zu den beiden Sammelschienen E und von dort zu den Baugruppen RST 30 KL–M 6S, die zunächst mit ihren ersten beiden Stufen (T 17/T 18) die sogenannte Knotenpunktdämpfung ausgleichen. Diese entsteht durch die Spannungsteilung, die die Entkopplungswiderstände R 11 bis R 22 bewirken. Die zu diesen Widerständen parallel geschalteten Kondensatoren C 40 bis C 51 korrigieren übrigens den Frequenzverlauf bei den Höhen, die sonst in hochohmigen Mischkreisen leicht benachteiligt werden können (Einfluß der Verdrahtungs-Kapazität).

Zur Klangregelbaugruppe sei nur noch bemerkt, daß ihre ersten beiden Transistoren über den Widerstand R 27 stark gegengekoppelt sind, um das Stufenpaar zu stabilisieren und die Frequenzkennlinie zu linearisieren.

Vom Ausgang des Transistors T 18 gelangt das Signal zum Summeneinsteller P 7 und von dessen Schleifer über das frequenzkorrigierende RC-Glied 100 kΩ/150 pF über den Kondensator C 15 zur Stufe T 19. Diese ist ebenfalls stark gegengekoppelt und gibt schließlich die Tonspannung an das RC-Netzwerk für die Höhen- und Tiefeneinstellung ab. Das im Neztwerk stark gedämpfte Signal hebt die Stufe T 20, – sie ist über den Widerstand R 40 ebenfalls in sich gegengekoppelt, – wieder auf den notwendigen Pegel an, damit am Mono-/Stereo-Umschalter S 6 vernünftige Spannungsverhältnisse herrschen.

Über den Kondensator C 26 wird schließlich das letzte Transistoren-Paar T 25/T 26 der Ausgangs-Baugruppe M 6 S-Su angesteuert, in der man die Stufe T 25 zur Balanceeinstellung nach dem Prinzip von Bild 59 ausnutzt und deren Endsystem (T26) die Ausgangsspannung und im Emitterkreis die Anzeige-

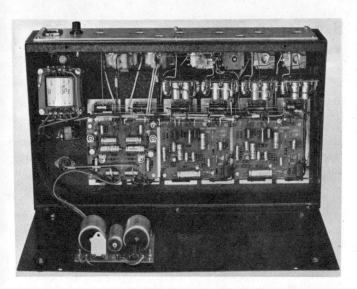

Bild 85. Unteransicht eines selbstgebauten Stereo-Mischpultes M 6 S

spannung für die Aussteuerungsmesser liefert. Die Innenansicht eines von einem Praktiker nachgebauten Mischpultes dieser Art zeigt **Bild 85**.

8 Anlagen-Praxis

a) Steckverbindungen in Stereo-Anlagen

Schon bei einer Monoanlage muß man aufpassen, daß alle Stecker richtig in die zugehörigen Buchsen und auch richtig herum gepolt eingeführt werden. Bei der Stereofonie hat man es mit der doppelten Anzahl von Verbindungen zu tun, und damit das Ganze nicht in ein heilloses „Strippengewirr" ausartet, werden zum Zusammenschalten Vielfachstecker benutzt.

Wie schon auf Seite 72 kurz erwähnt wurde, benutzt man nach der neuen Norm DIN 45 310 fünfpolige Stecker an Stelle der älteren dreipoligen Typen. Für eine gewisse Übergangszeit ergab sich dadurch ein Neben-, um nicht zu sagen Durcheinander. Deshalb sind in **Bild 86** auch die inzwischen veralteten Steckerbeschaltungen nochmals wiedergegeben, denn man muß diese zumindest kennen. Unter den Buchsenteilen wurden die zugehörigen Stecker getrennt herausgezeichnet. Bei den Buchsen haben wir zur Verdeutlichung beschaltete Kontakte als ausgefüllte dicke Punkte, nicht beschaltete als Kreise dargestellt, obwohl das nicht der Zeichnungsnorm entspricht.

In Bild 86 a erkennt man die alte Anschlußnorm für einen Stereo-Tonabnehmer, der an einen Stereo-Rundfunkempfänger oder -Verstärker angeschlossen werden soll. Nach Bild 86 b beschaltet man den Stecker eines Stereo-Tonabnehmers, wenn man ihn an einen Monoeingang anschließen wollte. Die neue Beschaltungsnorm für Steckvorrichtungen von Stereogeräten geht aus Bild 86c hervor, sie merzt alle Unstimmigkeiten aus. An einem Stereo-Tonbandgerät werden alle Steckerstifte beschaltet, so daß über ein einziges Kabel sowohl beide Kanäle für Aufnahme als für Wiedergabe richtig angeschlossen sind. Mit Hilfe eingelöteter Drahtbrücken, durch Weglassen von Verbindungen und unter Verwendung von Zwischensteckern lassen sich alle erdenklichen Anschlußkombinationen herstellen.

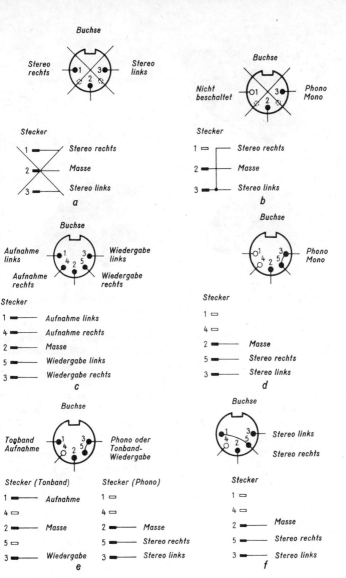

Bild 86. Beschaltung von Norm-Steckeinrichtungen (Erklärungen im Text)

Bild 87.
Norm-Lautsprecherstecker

a

b

Bild 88. Norm-Lautsprecherbuchsen, links = Schaltbuchse mit vier, rechts
mit drei Anschlüssen

Bild 86d zeigt oben die Beschaltung der neuen Normbuchse an einem Monogerät zum Anschluß eines Stereo-Plattenspielers. In der Buchse sind die Kontakte 3 und 5 verbunden, so daß beim Anstecken des normalen Stereo-Plattenspieler-Steckers beide Kanäle zusammengeschaltet werden. Am Stecker ist keine Umschaltung erforderlich, er kann also genauso gut in die nach Bild 86c ausgeführte Eingangsbuchse eines Stereoverstärkers eingesteckt werden.

Ältere Mono-Tonbandgeräte enthielten eine dreipolige Steckvorrichtung, bei denen Kontakt 1 an der Aufnahme-, Kontakt 3 an der Wiedergabeleitung und Kontakt 2 an Masse lag. Besitzt jemand einen modernen Mono-Empfänger, an den er wahlweise dieses Bandgerät oder einen Stereo-Plattenspieler anschließen will, dann ist die Buchse nach Bild 86e zu beschalten (Kontakt 5 und 3 an der Buchse überbrückt). Der Mono-Tonbandstecker paßt ohnehin , und für Tonabnehmerbetrieb sind beide Wiedergabeleitungen im Buchsenteil zusammengeschaltet.

Will man einen Plattenspieler mit altem Normstecker nach Bild 86a an eine Steckbuchse nach Bild 86c anstecken, beschafft man sich einen der käuflichen Zwischenstecker. Vernünftiger ist natürlich, man wechselt den Stecker am Plattenspieler aus. Schließlich zeigt noch Bild 86f, welche Drahtbrücke im Buchsenteil eines Mono-Rundfunkgerätes erforderlich ist, um wahlweise ein Mono-Tonbandgerät oder einen Stereo-Plattenspieler anstecken zu können.

Zum Lautsprecheranschluß verwendet man heute fast ausschließlich die praktischen Steckvorrichtungen nach **Bild 87** und **88**, die stets polrichtigen Betrieb sichern. Zu den Steckern, die mit je einem flachen Mittel- und einem runden Seitenstift versehen sind, gibt es drei verschiedene Buchsenarten. Die eine (nicht abgebildet) verhält sich wie eine normale zweipolige Steckdose. Bei der Ausführung nach Bild 88a kann man den Rundstift wahlweise in die linke oder rechte äußere Randbuchse einführen (flacher Mittelstift steckt stets in der Mitte). In der ersten Einsteckart (linker Außenkontakt in **Bild 89**) liegt der Außenlautsprecher parallel zum Gerätelautsprecher 1, in der anderen schaltet er den Innenlautsprecher 2 ab. Die Steckbuchse nach Bild 88b ist genauso ausgeführt wie die von Bild 89, jedoch fehlt der linke Außenkontakt.

Neuerdings gibt es einen Spezial-Stereo-Kopfhörerstecker, an den beide Hörermuscheln angeschlossen sind. Weil seine Stiftanordnung **(Bild 90)** der Fünf auf einem Würfel entspricht, wird er im Techniker-Jargon als „Würfelstecker" bezeichnet. Hierzu gibt es eine Schaltbuchse, in die man den Stecker auch um 180° gedreht einführen kann. In der einen Stellung arbeiten Lautsprecher und Hörer gemeinsam, in der anderen betätigt der Steckerkragen den Schaltkontakt an der Buchse, der beide Lautsprecher abschaltet.

b) Phasenrichtiger Lautsprecher-Anschluß

Wenn man sich so viel Mühe gibt, phasengleiche Verstärkerkanäle aufzubauen, so ist es eigentlich selbstverständlich, daß auch die Membranen der benutzten Lautsprecher phasenrichtig

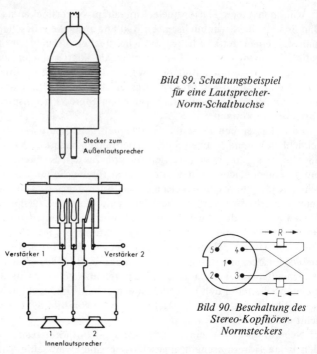

Stecker zum
Außenlautsprecher

*Bild 89. Schaltungsbeispiel
für eine Lautsprecher-
Norm-Schaltbuchse*

Verstärker 1   Verstärker 2

1   2
Innenlautsprecher

*Bild 90. Beschaltung des
Stereo-Kopfhörer-
Normsteckers*

schwingen müssen. Wenn in beiden Kanälen der gleiche Ton verstärkt wird, sollen demnach auch in jedem Sekunden-Bruchteil beide Membranen zusammen nach vorn oder zusammen nach hinten ausgelenkt werden. Bekanntlich tritt genau das Gegenteil davon ein, wenn man einen der Lautsprecher falsch polt. Bei Gruppen, die aus mehreren Systemen bestehen, ist natürlich die Gefahr, etwas verkehrt zu machen, besonders groß. Aus diesem Grund kennzeichnen viele Lautsprecher-Hersteller einen Schwingspulenanschluß ihrer Systeme z. B. mit einem Farbpunkt. Schaltet man mehrere Systeme parallel oder in Serie, und zwar genauso wie man bei Batterien verfährt (Parallelschaltung plus an plus; Serienschaltung plus an minus des nächsten Elemendes), so schwingen alle Systeme phasengleich.

Bei Stereoanlagen kann man nichts mehr falsch machen, wenn auf folgende Regel geachtet wird: *Nicht gekennzeichnete Anschlüsse an Masse legen!* Wer durchaus will, kann auch das Gegenteil tun und alle markierten Anschlüsse mit den geerdeten Buchsen der Verstärkerausgänge verbinden. Das ändert nichts am Prinzip, nämlich daß auch dann bei gleicher Ansteuerung beider Kanäle alle Membranen phasengleich arbeiten.

Ist einem Teilton-Bereich-System dagegen eine Drossel oder ein Kondensator vorgeschaltet, so bewirken diese im Überlappungsbereich eine Phasendrehung um 180° weshalb man das anschließende System oder die Systemgruppe umgekehrt zu polen hat. Beispiel: Tieftöner über Drossel mit „rot" an Masse, Mitteltöner über Kondensator mit „rot" an heißen Pol, Hochtöner über Kondensator mit „rot" an Masse.

So schön und so einfach diese Regel ist, so wenig hilft sie, wenn die vorhandenen Systeme weder Kennfarben noch sonstige Markierungen tragen. Aber auch hier findet der Praktiker rasch einen Ausweg. Alle Systeme, die zusammenzuschalten sind, werden nebeneinander auf den Tisch gelegt. Dann berührt man mit den Polen einer Taschenbatterie, von denen einer farbig markiert ist (welcher ist gleichgültig), der Reihe nach alle Schwingspulen-Anschlußpaare. Man muß durch Probieren die Taschenbatterie so polen, daß beim Antippen der Systemanschlüsse jede Membrane nach vorn ausgelenkt wird. Hat man sich genau davon überzeugt, daß die Auslenkung in dieser Richtung erfolgt, so markiert man diejenige Lötöse, die man mit dem markierten Batteriepol berührte. Die ganze Prozedur hört sich schwieriger an, als sie sich durchführen läßt. In einer Minute kann man ohne Eile ein Dutzend von nicht gekennzeichneten Systemen „auspolen". Zum haltbaren Markieren leistet ein Fläschchen mit rotem Fingernagellack gute Dienste, weil der Schraubverschluß gleich mit einem Pinsel versehen ist und weil diese Lackart sehr rasch trocknet.

c) Stereo-Weichen und -Filter, Differentialübertrager

Über das Bemessen und Berechnen von elektrischen Weichen für Hoch- und Tieftonlautsprecher findet man alles Wissenswerte in Band 85 der Radio-Praktiker-Bücherei „Hi-Fi-Schaltungs- und Baubuch". Um Wiederholungen zu vermeiden, sei hier nur das gesagt, was für die Stereowiedergabe von speziellem Interesse ist.

Weil tiefe Töne unterhalb von 300 Hz nicht mehr geortet werden können und man deshalb bei Röhrenverstärkern gern einen gemeinsamen Tieftöner für beide Kanäle benutzt (vgl. Warnung auf Seite 93, werden auch die zugehörige Weichen für 300 Hz bemessen. Unter Berücksichtigung der drei gängigen Schwingspulen-Impedanzen sind hierfür nachstehende R- und C-Werte erforderlich, an die man sich aber durchaus nicht ganz genau zu halten braucht.

System-Impedanz Ω	Kondensator für Basislautsprecher μF	Drossel für Tieftonlautsprecher mH
4 (5)	100	2,5
8	50	5
15 (16)	25	10

Beim Herstellen der Drosseln muß man danach trachten, daß ihr rein ohmscher Drahtwiderstand möglichst nur wenig Prozent der Schwingspulen-Impedanz beträgt. Die Drossel für einen 4-Ω-Lautsprecher sollte tunlichst unter 0,2 Ω Drahtwiderstand aufweisen. Daraus geht hervor, daß man mit möglichst wenig Draht auskommen muß und deshalb eine Eisendrossel wählt (viel Eisen = wenig Draht), oder eine Luftdrossel mit sehr starkem Draht wickelt, der infolge seiner Stärke nur wenig Eigenwiderstand besitzt. Beide Ausführungsformen sind denkbar. Luftdrosseln werden allerdings räumlich ziemlich groß ausfallen, aber schließlich sind Lautsprecherboxen recht umfangreiche Möbel, die eine Menge Platz bieten. Es wurden beide Drosselarten erprobt und nachstehende Wickeldaten benutzt:

Eisendrossel 2,5 mH = 95 Wdg. CuL-Draht 0,8 mm ϕ auf
Kern EI 48 mit 0,6 mm Luftspalt

Luftdrossel   2,5 mH = 380 Wdg. CuL-Draht 1,2 mm ϕ auf
Isolierstoffrolle mit 25 mm ϕ, 50 mm Länge,
100-mm-Seitenflanschen und 32 Windungen
je Lage

Weiß man ferner, daß (wenigstens grob) für die doppelte
Selbstinduktion die 1,4fache Windungszahl und für die vierfache
Selbstinduktion zweimal so viele Windungen nötig sind, so kann
man sich alle Zwischenwerte leicht selbst herstellen. Zur Vervollständigung der Angaben ist in **Bild 91** (stark gezeichnet)
noch einmal die Schaltung einer Stereoweiche für 8 Ω herausgezeichnet.

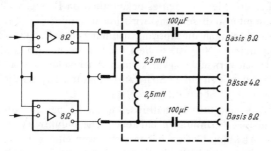

Bild 91. Vollständige Stereoweiche (umrahmt) für den Anschluß von zwei
Basislautsprechern und eines gemeinsamen Tieftöners

Leider haftet – sofern man es genau nimmt – der Schaltung
Bild 91 folgender Nachteil an: Parallel zum Baßlautsprecher
liegt der Innenwiderstand des gerade nicht arbeitenden Kanals.
Weil dieser infolge der starken Gegenkopplung sehr niedrig ist,
belastet er in unerwünschter Weise den Lautsprecher und entzieht ihm Energie. Diesen Mangel beseitigt in sehr eleganter
Weise die Baßzusammenschaltung über den Differentialübertrager DÜ in **Bild 92**. Im Prinzip ist dieser Übertrager nichts weiter
als eine mittelangezapfte Drossel mit 2 x 100 Windungen CuL-
Draht auf einem Kern M 65. Verwunderlich ist zunächst, daß
zwei zusätzliche 16-Ω-Ausgänge erforderlich sind, weil DÜ eine
Widerstandstransformation von 4 : 1 verursacht. Würde man die

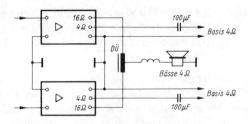

Bild 92. Tieftöner-Anschluß über den Differential-Übertrager DÜ

4-Ω-Ausgänge mit der Drossel beschalten, wäre ein 1-Ω-Baßlaut-sprecher erforderlich, den es bekanntlich im Handel nicht gibt. Wie kommt also diese Transformation zustande?

Betrachtet man die Ausgangsspannung eines Kanals, während die am anderen Null ist, so liegt das Drosselende des Nullkanals über dessen vernachlässigbar kleinen Innenwiderstand an Masse. DÜ wird damit zu einem Spartransformator 2 : 1, der die Trans-formation 4 : 1 hervorruft.

Anders sind die Verhältnisse, wenn an beiden Ausgängen gleichphasige Spannungen entstehen. Die Induktivitäten in den beiden Wicklungshälften heben sich gegenseitig auf, DÜ wirkt wie ein Kurzschluß. Beide Kanäle sind parallel geschaltet und exakt berechnet müßte der Baßlautsprecher eigentlich an zwei 8-Ω-Ausgängen liegen. Nach den Erfahrungen des Verfassers ist diese geringe Fehlanpassung unkritisch und kann vernachlässigt werden, insbesondere, weil stark gegengekoppelte Röhrenver-stärker in dieser Beziehung äußerst „duldsam" sind.

d) Zwischenübertrager für Tieftonlautsprecher

Gelegentlich bereitet es beim Zusammenstellen einer Röhren-anlage Schwierigkeiten, den Baßlautsprecher richtig anzupassen. Vielleicht weisen die Kanalausgänge andere Werte auf als der vorhandene Tieftöner, und weil ein solcher unter Umständen recht teuer ist, weiß man zunächst keinen Rat. In solchen Fällen hilft ein als Autotransformator gewickelter Zwischenübertrager aus der Verlegenheit, den man sich gleichfalls selbst herstellen

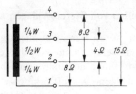

Bild 93. Daten für einen einfachen Zwischenübetrager für Tieftonsysteme. Bei Transistorverstärkern ist die Verwendung nicht möglich, weil sie die Endtransistoren gefährdet

kann, weil nur verhältnismäßig wenig Windungen aufzubringen sind. Bei Transistorverstärkern sei vor solchen Schaltungen gewarnt, weil bei diesen durch induktive Lasten die Endstufen zerstört werden können.

Eine praktische Windungsunterteilung geht aus **Bild 93** hervor. Von der Gesamtwindungszahl liegen ein Viertel zwischen den Klemmen 1 und 2, die Hälfte zwischen 2 und 3 und das letzte Viertel zwischen 3 und 4. Damit lassen sich die gängigen Scheinwiderstände 4–8–15 Ω (und ihre Abarten 5–10–16 Ω) untereinander anpassen. Zwei ausgeführte und praktisch erprobte Übertrager weisen nachstehende Daten auf:

Sprech-leistung	Kern	Blech[1])	Win-dungen	Draht
15 Watt	EI 60/30	Dyn. IV/0,35 mm	50–100–50	0,75 CuL.
30 Watt	EI 78	Dyn. IV/0,35 mm	40– 80–40	1,2 CuL.
1) wechselseitig schichten, ohne Luftspalt				

Damit lassen sich die in der Tabelle zusammengefaßten Übersetzungsverhältnisse und Anpassungen erzielen.

Prim.	Sek.	von/auf Ω	Ü	Z-Verhältnis
1–4	3–4	16/1	4:1	16:1
1–4	2–3	16/4	2:1	4:1
1–4	2–4	16/8 8/4	1,4:1	2:1

e) Richtiges Aufstellen von Stereo-Anlagen

Die Veranstalter hören das zwar nicht gern, aber der erfahrene Musikliebhaber weiß ganz genau, daß es in jedem Konzertsaal Plätze gibt, von denen aus man einen höheren Kunstgenuß erlebt als von den übrigen. Das gilt in noch viel stärkerem Maß in unserem Wohnzimmer, das wir durch das Aufstellen einer Stereo-Anlage ebenfalls in einen kleinen Konzertsaal verwandeln wollen. Man darf also das Gerät (z.B. Steuergerät mit zwei Seitenlautsprechern) und die abgesetzten Basislautsprecher nicht mehr einfach dorthin stellen, wo gerade Platz ist und wie es bisher bei monauraler Übertragung auch ohne weiteres möglich war, sondern man muß eine wichtige Regel beachten. Es wäre unvernünftig, wenn man sich in seinem privaten Konzertsaal mit einem billigen „Galerieplatz" begnügte, wenn man doch zum besten „Parkettsessel" Zugang hat. Daß unter Umständen einige Möbel umgestellt werden müssen, wird der Musikfreund gern in Kauf nehmen.

Die wichtigste Grundregel lautet: *Günstige Hörentfernung = Basisbreite*. Was das bedeutet, geht aus **Bild 94** hervor. Die Entfernungen zwischen Zuhörer und Basislautsprechern sollen etwa so groß sein, wie die Basisbreite, und die gedachten Verbindungslinien sollen ein gleichseitiges Dreieck bilden. In der Praxis

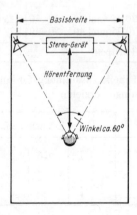

Bild 94. Zwei wichtige Begriffe: Basisbreite und Hörentfernung

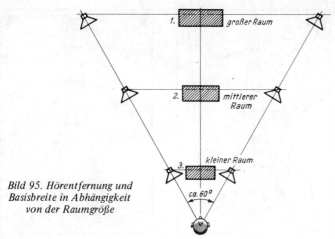

Bild 95. Hörentfernung und
Basisbreite in Abhängigkeit
von der Raumgröße

vereinfacht man das Ganze noch etwas und versteht unter
„Hörentfernung" das auf die Verbindungslinie der Basislautsprecher gefällte Lot. Am günstigsten Hörpunkt (Kopf in Bild 94)
bilden die Verbindungslinien zu den Basislautsprechern einen
Winkel von 60 Grad.

Legt man diesen günstigsten Winkel zugrunde, so gelangt man
an Hand von **Bild 95** zu einer weiteren Grundregel: *Kleine
Basisbreiten (z. B. Nur-Tischgeräte ohne Außenlautsprecher)
zwingen zum dichten Herangehen des Zuhörers.*

Natürlich müssen diese beiden Regeln nicht ganz genau
befolgt werden, und sie sind auch gar nicht so zu verstehen.
Praktische Versuche zeigen, daß nicht nur an einem einzigen
Punkt im Raum stereofones Hören möglich ist, sondern daß sich
die Zuhörer auf eine größere Fläche verteilen können, ohne daß
sie auf den Hörgenuß verzichten müssen. Je weiter man sich auf
der Mittellinie M in **Bild 96** vom Idealpunkt (Stern) nach vorn
begibt, um so drastischer wird der Stereo-Eindruck. Im Extrem-
fall kann das dann dazu führen, daß man glaubt, zwei getrennte
Orchesterhälften zu hören. Geht man weiter nach hinten, so
entsteht der gegensätzliche Eindruck. Dennoch hört man von
jedem Punkt auf der Mittellinie deutlich die Stereofonie.

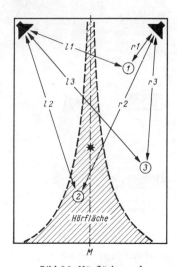

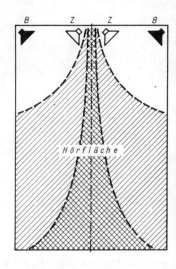

Bild 96. Hörfläche und
günstigster Hörpunkt

Bild 97. Zusatzlautsprecher Z
vergrößern die Hörfläche

Anders ist es, wenn man von M nach rechts oder links abweicht, das heißt, wenn man die Abstände zu den Basislautsprechern zu sehr ungleich lang macht. Das ist ganz deutlich der Fall, wenn man sich an den Punkt 1 stellt. Weil die Entfernung r 1 zum rechten Lautsprecher nur ein Drittel der Strecke l 1 beträgt, hört man fast ausschließlich den rechten Basislautsprecher, und von Stereofonie ist keine Rede mehr (Überdeckungseffekt). Weiter hinten im Raum ist das Weggehen von der Mittellinie viel unbedenklicher. Am Standplatz 2 kann die Wegdifferenz zwischen r 1 und l 1 vernachlässigt werden. Sowohl durch Hörversuche als mit Hilfe einer geometrischen Konstruktion läßt sich nachweisen, wann innerhalb der schraffierten „Hörfläche" in Bild 96 stereofones Hören möglich ist.

Für viele Zwecke mag das völlig ausreichen, aber durch einen verhältnismäßig einfachen Kniff läßt sich die Hörfläche beträchtlich vergrößern. Ordnet man nämlich zwischen den äußeren Basislautsprechern B **(Bild 97)** zwei Zusatzsysteme Z an, so

150

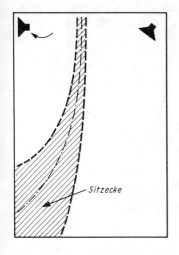

Sitzecke

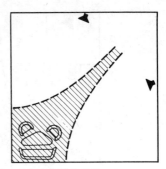

Bild 99. So läßt sich eine Sitzecke richtig beschallen

Bild 98. „Verbiegen" der Hörfläche durch Drehen eines Lautsprechers

wird der in Bild 96 bei den Standplätzen 1 und 3 skizzierte Effekt (unterschiedliche Entfernungen zu den Basislautsprechern) verwischt und die Hörfläche wächst. In zahlreichen Truhen sind diese Zusatzlautsprecher seitlich bereits vorgesehen.

Manchmal ist es gar nicht nötig, die Hörfläche zu erweitern, sondern es genügt, wenn man ihre Begrenzungslinie nach **Bild 98** „verbiegt". In diesem Beispiel befindet sich die Sitzecke in einem Bereich, der von der normalen Hörfläche (Bild 96) nicht mehr erfaßt wird. Man würde zwar nach Bild 97 mit Zusatzlautsprechern ideale Verhältnisse schaffen, aber wenn man sparen will, erfüllt das Verdrehen des linken Basislautsprechers nach der Wand (Pfeil) oder vielleicht sogar nur ein Verstellen des Balanceeinstellers (rechter Basislautsprecher lauter) den gleichen Zweck.

Eine andere Möglichkeit, die Sitzecke eines Wohnraumes richtig zu beschallen, zeigt **Bild 99**. Weil die Basislautsprecher „über Eck" angebracht sind, erfaßt die Hörfläche genau den Teil des Raumes, in dem man sich beim Anhören von Musikdarbietungen aufhält.

In den Bildern 94 bis 99 wurde stillschweigend vorausgesetzt, daß das Hauptgerät mit dem Baßlautsprecher als Blickfang in

151

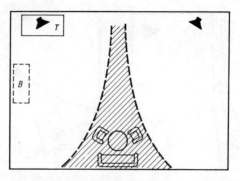

Bild 100. Bei gemeinsamer Baßwiedergabe über eine Truhe kann diese auch bei T oder B aufgestellt werden. Den Stereoeindruck vermitteln die beiden Basislautsprecher

der Mitte zwischen den Basissystemen steht. Das wird auch im allgemeinen angestrebt, und wenn das Hauptgerät eine Truhe mit zusätzlichen Seitenlautsprechern (Z in Bild 97) ist, muß man sogar diese Anordnung wählen.Sprechen aber räumliche Gründe gegen diese Aufstellungsweise,so kann man auch davon abgehen. In **Bild 100** ist eine Placierung in einem Zimmer zu sehen, in dem die Truhe T in der linken Ecke stehen muß. Sie dient nur zur Baßwiedergabe, und weil sich die Bässe nicht orten lassen, ist es gleichgültig, wo T aufgestellt wird. Im Bild wird angedeutet, daß die Truhe gleichzeitig als Aufstellfläche für den linken Basislautsprecher Verwendung findet. Der rechte ist beispielsweise in gleicher Höhe an der Wand aufgehängt. Selbstverständlich hat man hier etwa in T untergebrachte Zusatz-Seitenlautsprecher abgeschaltet, weil diese sonst den Stereoeindruck infolge der unsymmetrischen Aufstellung stören würden. Man hat dann sogar noch mehr Freiheiten und kann die Truhe als Bedienungsgerät auffassen und sie dorthin stellen, wo es die Platzverhältnisse erlauben (B in Bild 100).

Will man einen Stereo-Tischempfänger verwenden, dessen eingebauter Lautsprecher die Bässe für beide Kanäle und die Höhen und Mittellagen für die rechte Seite wiedergibt, so tritt der Empfänger gleichzeitig an die Stelle des rechten Basislaut-

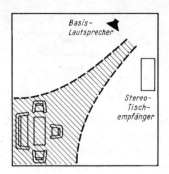

Bild 101. Stereo-Tischempfänger mit einem Basislautsprecher

sprechers. Daher ist nur ein äußerer linker Basislautsprecher erforderlich und die Aufstellung kann z. B. erfolgen, wie es **Bild 101** erkennen läßt.

Schließlich sei noch an eine Erscheinung erinnert, die zwar schon aus der Mono-Übertragungstechnik allgemein bekannt ist, die man aber dennoch immer wieder gern vergißt: Je höher ein Ton ist, um so schärfer gebündelt strahlt ihn die Lautsprechermembrane ab. Daran sollte man denken, wenn die Basislautsprecher nur je ein System enthalten. Man neigt sie dann besser ein wenig, und zwar so, daß sich die Verlängerungen ihrer Mittelachsen in Kopfhöhe in der Sitzecke schneiden **(Bild 102)**. Solche Kunstgriffe erübrigen sich, wenn Basislautsprecher Verwendung finden, bei denen auf geeignete Weise für ausreichende Hochton-Streuung gesorgt ist, z. B. durch einen Streukegel im

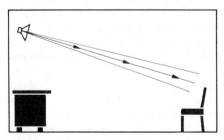

Bild 102. Basislautsprecher sollen so aufgehänt werden, daß ihre Achsverlängerung ungefähr mit der Kopfhöhe der Zuhörer übereinstimmt

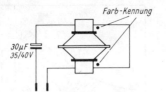

Bild 103. Basislautsprecher
nach dem Prinzip der
„atmenden Kugel"

Membran-Innenraum, durch Zusammenfassen mehrerer und nach verschiedenen Richtungen strahlender Systeme (Schallzeile, Isophon-Halbkugel-Lautsprecher) oder durch Zusammenfügen von zwei gegenphasig angeschlossenen Systemen zu einer „atmenden Kugel" (Grundig-Raumklangstrahler) nach **Bild 103**.

f) Stereo-Test-Schallplatten als Arbeitshilfen

Beim Aufstellen von Stereoanlagen muß man sehr viel sorgfältiger arbeiten als bei Einkanalanlagen. Seitenrichtigkeit (Rechts-Links-Eindruck), Lautsprecherpolung (Phasenrichtigkeit) und Kanalabgleich (Balanceeinsteller) müssen überprüft werden, um sicher zu sein, daß alle Möglichkeiten der Stereo-Technik wirklich ausgenutzt werden. Natürlich kommt man mit herkömmlichen Prüfmitteln auch zum Ziel, indem man beide Kanäle abwechselnd betreibt (Seitenprüfung), sie dann zusammenschaltet und so ausbalanciert, daß der Klang scheinbar aus der Mitte zwischen beiden Basissystemen kommt, und schließlich einen Seitenlautsprecher umpolt, um sich von der richtigen Phasenlage zu überzeugen (falsche Polung = geringere Gesamtlautstärke). Aber das ist ein recht zeitraubendes Verfahren.

Zur Arbeitserleichterung hat die Industrie *Testplatten* entwickelt, die charakteristische Texte, Geräusche und Musik enthalten und mit deren Hilfe sich alles in wenigen Minuten überprüfen läßt. Die Telefunken-Platte TSt 72311 „Stereo-Test" (33 U/min) beginnt zum Beispiel mit der Seitenansage und mit Metronomticken. Mehrere Male sagt der Sprecher an, aus welchem Kanal seine Stimme ertönen muß, und anschließend tickt das Metronom entweder schnell (rechts) oder langsam (links). Im zweiten Prüfabschnitt wird eine Melodie gespielt, die abwechselnd aus dem rechten oder dem linken Kanal kommt. Sie ermöglicht es auch dem wenig Geübten, ohne viel Umstände und eindeutig beide Seiten auf gleichen Gehöreindruck. also gleiche Lautstärken und Klangfarben, einzustellen. Gerade das letztere kann wichtig sein, nämlich dann, wenn ein „kanalähnlicher" Zusatzverstärker abgeglichen werden muß.

Im dritten Abschnitt wird das Musikstück wiederholt, aber weil es jetzt über beide Kanäle gleichzeitig ertönt, ergibt sich eine Kontrolle für den Mitteneindruck. Abschließend, im vierten Teil, wird die Lautsprecherpolung mit Hilfe eines Geräusches überprüft. Bei richtiger Polung scheint das Geräusch irgendwo im Zimmer aufzubranden und zwischen den Lautsprechern zu verschwinden, bei falscher Polung entsteht der entgegengesetzte Eindruck.

Eine weitere Telefunken-Stereo-Testplatte trägt die Bestellnummer TSt 72363. Sie ist für 45 U/min bestimmt und bildet eine Kurzfassung der bereits beschriebenen Platte. Auf der Rückseite enthält sie zusätzlich abwechselnd rechts und links aufgezeichnete Meßfrequenzen (5000, 1000, 120 Hz), die nach dem Schneidfrequenzgang DIN 45536 mit einer Geschwindigkeitsamplitude von 4 cm/sec bei 1000 Hz aufgenommen sind. Mit ihrer Hilfe lassen sich Übersprechdämpfungen messen und die richtige Überlappung von Stereoweichen prüfen. Weitere Test- und sehr effektvolle Vorführ-Aufnahmen nennt die Zusammenstellung auf Seite 156.

Effektvolle Stereo-Schallplatten

Die dhfi-Schallplatte 1 — Eine Einführung in die HiFi-Stereo-phonie, 30 cm Stereo, Verlag G. Braun, 75 Karlsruhe 1, Postfach 1709

Die dhfi-Schallplatte 2 — Hörtest und Meßplatte, 30 cm Stereo, Verlag G. Braun, Karlsruhe

C. Monteverdi, Weltliche Madrigale. Ilse Wolf, Robert Tear, Gerald English, Christopher Keyte; Mitglieder des Englischen Kammerorchesters, Ltg. Raymond Leppard
Decca Royal sound Stereo „Das Alte Werk" SAWO 9971-B

C. Ph. E. Bach, Flötenkonzerte d-moll und G-dur. Hans Martin Linde, Festival Strings Lucerne, Ltg. Rudolf Paumgartner
DGA Stereo 198 435

G. Rossini, Streichersonaten, Accademy of St. Martin-in-the-fields, Ltg. Neville Marriner
Decca Stereo SAD 1127

F. Schubert, Forellenquintett. Serkin, Laredo, Naegele, Parnas, Levine.
CBS Stereo S 71 066

P. Tschaikowsky, Klavierkonzert Nr. 1 b-moll (+ E. Grieg, Klavier-Konzert a-moll). Nelson Freire, Münchner Philhar-moniker, Ltg. Rudolf Kempe
CBS Stereo S 72 712

Artur Rubinstein spielt Chopin. RCA Victor Stereo LS 10 164-M

J. Sibelius, Sinfonien Nr. 3 C-dur und Nr. 6 d-moll. Wiener
   Philharmoniker, Ltg. Lorin Maazel
   Decca Stereo SXL 6364

B. Bartok, Herzog Blaubarts Burg. Walter Berry, Christa Ludwig;
   Londoner Symphonie-Orchester, Ltg. Istvan Kertesz
   Decca Royal sound Stereo SET 311

We get requests. The Oscar Peterson Trio. Verve Stereo V
   6-8606

The world we knew. Bert Kaempfert. Polydor Stereo 184 091

Sachverzeichnis

RPB-Bände über Elektroakustik

Kleines ABC der Elektroakustik

Von Gustav Büscher. – Ein kleines Taschenlexikon, das die Fachausdrücke auf verständliche Weise erläutert und das durch einen Tabellenteil ergänzt wird.

5. Auflage. 148 Seiten, 131 Bilder, 52 Tabellen. Doppelband DM 5,60.
Best.-Nr. RPB 29/30
ISBN 3-7723-0295-5

Niederfrequenz-Verstärker mit Röhren und Transistoren

Von Ing. Fritz Kühne. – Dieser Band vermittelt dem Praktiker Erfahrungen über Anwendung moderner Nf-Verstärker, erläutert die neuzeitliche Schaltungstechnik und gibt zahlreiche Hinweise für den Entwurf und den Selbstbau.

13. Auflage. 144 Seiten, 100 Bilder, 13 Tabellen. Doppelband DM 5,60.
Best.-Nr. RPB 7/8
ISBN 3-7723-0073-1

Musikübertragungs-Anlagen

Planung, Aufbau und Wartung. Von Ing. Fritz Kühne. – Solide Kenntnisse in der Betreuung von größeren Musikübertragungs-Anlagen vermittelt dieses Buch. Es macht auch mit der Nachhalltechnik und mit den „drahtlosen" Mikrofonen vertraut. Vieles wird anhand von Beispielen aus der Entwurfs- und Baupraxis beschrieben.

5. Auflage. 72 Seiten, 39 Bilder, 11 Tabellen. Einfachband DM 2,90.
Best.-Nr. RPB 43
ISBN 3-7723-0435-4

Lautsprecher und Lautsprechergehäuse für Hi Fi

Von Dipl.-Ing. H. H. Klinger. – Eine Einführung in das Lautsprechergebiet mit Konstruktionszeichnungen und Bauplänen für Lautsprecher hoher Klanggüte.

5. Auflage. 148 Seiten, 125 Bilder, 5 Tabellen. Dreifachband DM 7,90.
Best.-Nr. RPB 105/105b
ISBN 3-7723-1055-9

Franzis-Verlag, München